● 新・電気システム工学 ●
TKE-3

電気回路理論
直流回路と交流回路

大崎博之

数理工学社

編者のことば

20世紀は「電気文明の時代」と言われた．先進国では電気の存在は，日常の生活でも社会経済活動でも余りに当たり前のことになっているため，そのありがたさがほとんど意識されていない．人々が空気や水のありがたさを感じないのと同じである．しかし，現在この地球に住む60億の人々の中で，電気の恩恵に浴していない人々がかなりの数に上ることを考えると，この21世紀もしばらくは「電気文明の時代」が続くことは間違いないであろう．種々の統計データを見ても，人類の使うエネルギーの中で，電気という形で使われる割合は単調に増え続けており，現在のところ飽和する傾向は見られない．

電気が現実社会で初めて大きな効用を示したのは，電話を主体とする通信の分野であった．その後エネルギーの分野に広がり，ついで無線通信，エレクトロニクス，更にはコンピュータを中核とする情報分野というように，その応用分野はめまぐるしく広がり続けてきた．今や電気工学を基礎とする産業は，いずれの先進国においてもその国を支える戦略的に第一級の産業となっており，この分野での優劣がとりもなおさずその国の産業の盛衰を支配するに至っている．

このような産業を支える技術の基礎となっている電気工学の分野も，その裾野はますます大きな広がりを持つようになっている．これに応じて大学における教育，研究の内容も日進月歩の発展を遂げている．実際，大学における研究やカリキュラムの内容を，新しい技術，産業の出現にあわせて近代化するために払っている時間と労力は相当のものである．このことは当事者以外には案外知られていない．わが国が現在見るような世界に誇れる多くの優れた電気関連産業を持つに至っている背景には，このような地道な努力があることを忘れてはいけないであろう．

本ライブラリに含まれる教科書は，東京大学の電気関係学科の教授が中心となり長年にわたる経験と工夫に基づいて生み出したもので，「電気工学の体系化」および「俯瞰的視野に立つ明解な説明」が特徴となっている．現在のわが国の関係分野において，時代の要請に充分応え得る内容を持っているものと自負し

ている.本教科書が広く世の中で用いられるとともにその経験が次の時代のより良い新しい教科書を生み出す機縁となることを切に願う次第である.

　最後に,読者となる多数の学生諸君へ一言.どんなに良い教科書も机に積んでおいては意味がない.また,眺めただけでも役に立たない.内容を理解して,初めて自分の血となり肉となる.この作業は残念ながら「学問に王道なし」のたとえ通り,楽をしてできない辛いものかもしれない.しかし,自分の一部となった知識によって,人類の幸福につながる仕事を為し得たとき,その苦労の何倍もの大きな喜びを享受できるはずである.

2002 年 9 月

編者　関根泰次
　　　日髙邦彦
　　　横山明彦

「新・電気システム工学」書目一覧

書目群 I
1. 電気工学通論
2. 電気磁気学——いかに使いこなすか
3. 電気回路理論——直流回路と交流回路
4. 基礎エネルギー工学［新訂版］
5. 電気電子計測［第2版］

書目群 II
6. はじめての制御工学
7. システム数理工学——意思決定のためのシステム分析
8. 電気機器学基礎
9. 基礎パワーエレクトロニクス
10. エネルギー変換工学——エネルギーをいかに生み出すか
11. 電力システム工学基礎
12. 電気材料基礎論
13. 高電圧工学
14. 創造性電気工学

書目群 III
15. 電気技術者が応用するための「現代」制御工学
16. 電気モータの制御とモーションコントロール
17. 交通電気工学
18. 電力システム工学
19. グローバルシステム工学
20. 超伝導エネルギー工学
21. 電磁界応用工学
22. 電離気体論
23. プラズマ理工学——はじめて学ぶプラズマの基礎と応用
24. 電気機器設計法

別巻1　現代パワーエレクトロニクス

まえがき

　電気回路理論は，電気工学・電子工学のカリキュラムの中核となる科目の一つであり，様々な電気システムの振る舞いを理解する基礎となる．電気回路に基づく等価回路表現は，様々な現象を記述，理解する上での考え方を提供し，例えば，各種線形物理システムを電気回路で記述し，その振る舞いを電気回路とのアナロジーで理解することが可能になる．電気回路理論を学ぶことは，広く理工学を勉強する人たちにも工学基礎として役立つことが多いと思われる．

　線形電気回路理論の基礎は一般に，直流回路，交流回路，微分方程式やラプラス変換などを含む過渡現象，四端子網，分布定数回路などで構成される．本書は，これらの中で，直流回路と交流回路に対象を絞った．そして電気回路をはじめて学ぶ人にも理解してもらえるように，電気回路に関する基本概念，定義，原理，解法などを，演習問題も含めながら説明したものであり，5章から構成されている．本書を使って電気回路を勉強する上で，行列や複素数の基礎が必要であるが，複素数の基礎事項については本書の中でも簡単に記述してある．

　第1章では，抵抗，インダクタ，キャパシタなどの受動回路素子と電源から成る電気回路の基礎について，抵抗の直列接続と並列接続，合成抵抗の求め方，オームの法則とキルヒホッフの法則なども含めて説明した．

　第2章では，回路方程式である閉路方程式と節点方程式の導出方法とその解き方について記述した．そこでは，グラフ，接続行列，閉路行列など，回路網の一般的な扱い方などについても説明した．

　第3章では，重ね合わせの定理，鳳–テブナンの定理とノートンの定理，補償の定理，相反の定理など，電気回路で成立するいくつかの重要な定理とそれらの使い方について説明した．

　第4章では，交流回路の基礎について記述した．インダクタンスとキャパシタンス，インピーダンスとアドミタンス，直列共振回路と並列共振回路，正弦波交流電流・電圧から求められる電力など，交流回路の重要事項を説明した．

まえがき

　第 5 章では，交流電力回路の基礎として，変圧器とその等価回路表現，瞬時電力，有効電力，無効電力，複素電力，力率などを説明した．また，電力分野で広く用いられる三相交流の基礎，およびひずみ波交流の回路解析についても説明した．

　筆者なりにまとめた電気回路の基礎に関する本書が，電気工学や電子工学，あるいは工学を勉強している方々が電気回路を学ぶ上で役に立てば望外の幸せである．しかしながら，筆者の浅学非才のため，誤っている点や記述の不十分な点が少なからずあると思われる．この点ご叱正いただければ幸いである．

　2018 年 2 月

大崎　博之

目　　次

第 1 章　回路の基礎　　1

- 1.1　電気回路とは　…　2
- 1.2　回路要素とオームの法則　…　4
  - 1.2.1　抵抗　…　4
  - 1.2.2　インダクタ　…　5
  - 1.2.3　キャパシタ　…　6
- 1.3　抵抗の直列接続と並列接続　…　7
  - 1.3.1　抵抗の直列接続　…　7
  - 1.3.2　抵抗の並列接続　…　8
  - 1.3.3　コンダクタの直列接続・並列接続　…　9
  - 1.3.4　抵抗とコンダクタの回路　…　10
- 1.4　電流と電圧の測定回路　…　14
- 1.5　電力とエネルギー　…　17
- 1.6　回路の双対性　…　19
- 1.7　キルヒホッフの法則　…　21
- 1 章の問題　…　25

第 2 章　回路の方程式　　27

- 2.1　回路の方程式と変数の選び方　…　28
- 2.2　閉路方程式　…　29
- 2.3　節点方程式　…　32
- 2.4　様々な回路の方程式　…　36
- 2.5　回路のトポロジー　…　39
  - 2.5.1　グラフ　…　39
  - 2.5.2　接続行列　…　40
  - 2.5.3　閉路行列　…　44
- 2.6　回路方程式の一般表現　…　46
  - 2.6.1　オームの法則　…　46

  2.6.2 閉路方程式 ･････････････････････････････ 48
  2.6.3 節点方程式 ･････････････････････････････ 48
 2 章の問題････････････････････････････････････ 49

第 3 章　回路の諸定理　　51

 3.1 重ね合わせの定理 ････････････････････････････ 52
 3.2 鳳–テブナンの定理とノートンの定理 ･･････････････ 56
 3.3 補償の定理 ･････････････････････････････････ 61
 3.4 相反の定理 ･････････････････････････････････ 64
 3.5 Δ–Y 変換 ･････････････････････････････････ 67
 3 章の問題････････････････････････････････････ 70

第 4 章　交流回路　　73

 4.1 交流回路とは ･･･････････････････････････････ 74
 4.2 回路素子 ･･････････････････････････････････ 76
 4.3 インピーダンスとアドミタンス ･････････････････ 80
  4.3.1 インピーダンス ････････････････････････ 80
  4.3.2 アドミタンス ･･････････････････････････ 81
 4.4 交流回路の計算法 ････････････････････････････ 83
  4.4.1 RLC 直列共振回路･･･････････････････････ 83
  4.4.2 RLC 並列共振回路･･･････････････････････ 86
 4 章の問題････････････････････････････････････ 96

第 5 章　交流電力回路の基礎　　99

 5.1 変圧器 ･･･････････････････････････････････ 100
 5.2 電力回路 ･････････････････････････････････ 104
  5.2.1 交流電力の表現 ･･･････････････････････ 104
  5.2.2 有効電力と無効電力 ･･･････････････････ 105
  5.2.3 複素電力 ････････････････････････････ 106
  5.2.4 交流回路と電力 ･･･････････････････････ 107
 5.3 三相回路と多相交流 ･････････････････････････ 112
  5.3.1 三相回路 ････････････････････････････ 112

viii　　　　　　　　　　目　　次

　　　5.3.2　三相3線式・・・・・・・・・・・・・・・・・・・・・・・114
　　　5.3.3　三相4線式・・・・・・・・・・・・・・・・・・・・・・・116
　　　5.3.4　直角二相回路・・・・・・・・・・・・・・・・・・・・・118
　5.4　ひずみ波交流・・・・・・・・・・・・・・・・・・・・・・・・・・119
　5章の問題・・・・・・・・・・・・・・・・・・・・・・・・・・・・・・・・・・125

問 題 解 答　　　　　　　　　　　　　　　　　127

索　　引　　　　　　　　　　　　　　　　　　143

電気用図記号について

　本書の回路図は，JIS C 0617 の電気用図記号の表記（表中列）にしたがって作成したが，実際の作業現場や論文などでは従来の表記（表右列）を用いる場合も多い．参考までによく使用される記号の対応を以下の表に示す．

	新JIS記号（C 0617）	旧JIS記号（C 0301）
電気抵抗，抵抗器	─▭─	─/\/\/\─
スイッチ	─／─（─o／─）	─o／o─
半導体（ダイオード）	─▷├─	─▶├─
接地（アース）	─⏚	─⏚
インダクタンス，コイル	─⌒⌒⌒─	─◠◠◠─
電源	─┤├─	─┤├─
ランプ	─⊗─	─⊕─

1 回路の基礎

　抵抗，インダクタ，キャパシタなどの受動回路素子と電源から成る電気回路の基礎について学ぶ．抵抗が直列接続あるいは並列接続，さらにはそれらを組み合わせた場合の合成抵抗の求め方を説明する．その次に，電気回路の基本的な性質を表すオームの法則とキルヒホッフの法則についてその使い方も含めて概説する．

1章で学ぶ概念・キーワード
- 抵抗，インダクタンス，キャパシタンス
- オームの法則
- 直列接続，並列接続
- ブリッジ回路
- 双対性
- キルヒホッフの法則

1.1 電気回路とは

電気回路素子を接続してできる系を**電気回路**といい，電気回路素子の性質は，その素子の電圧と電流の間の関数関係によって表現される．電気回路の中の素子は，実在する素子が抽象化，理想化された回路要素である．電気回路素子には，入力信号あるいはエネルギーを増幅，制御，整流などの能動動作を行う能動回路素子と，そのような能動動作を行わない受動回路素子があるが，ここでは受動回路素子だけを扱う．

電気回路の考え方は他分野の問題にも応用でき，例えば，水路の水流とポンプを回路として考えることができ，また，線形2階微分方程式で表されるバネ–ダンパ系は，この後説明する抵抗，インダクタンス，キャパシタンスから成る回路のアナロジーとして考えることができる．電気回路を学ぶことは，そのアナロジーとして捉えることのできる物理現象の理解を助けたり，具体的な問題を解くときに役立ったりすることも多い．

回路を流れる電流 i は，単位時間当たりの電荷 q の伝達量であり，次式で表すことができる．

$$i = \frac{dq}{dt} \tag{1.1}$$

電荷 q の単位は C（クーロン），電流 i の単位は A（アンペア）であり，t は時間（単位は s（秒））である．つまり，1s 間に運ばれる電荷が 1C となる電流が 1A である．電流はその波形により，図1.1 のように分類できる．

時間によらず一定の電流は**直流**（DC）であり，時間と共に変化する電流は周期的電流と非周期的電流に分けられる．周期的電流でも一周期の平均値がゼロ

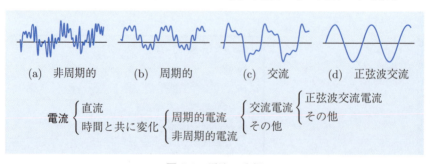

図 1.1　電流の分類

になる電流が**交流電流**（AC）であり，さらに正弦波状に変化する交流電流が**正弦波交流電流**である．

電気エネルギーは電流つまり電荷の流れによって伝達される．**電圧** v は，単位電荷当たりのエネルギー w の増加であり，次式で表すことができる．

$$v = \frac{dw}{dq} \tag{1.2}$$

電圧の単位は V（ボルト）である．つまり，1 C の電荷を A 点から B 点まで移動させるのに必要なエネルギー（仕事）が V [J] であるとき，AB 間の電圧は V [V] である．電圧 v と電流 i の積

$$v \times i = \frac{dw}{dq} \times \frac{dq}{dt} = \frac{dw}{dt} \tag{1.3}$$

は単位時間当たりのエネルギーの増加であり，これを**電力**という．その単位は W（ワット）である．

電源には，時間や回路条件によらず一定の電圧を発生する**電圧源**と，一定の電流を供給する**電流源**がある．電圧源は定電圧源，電流源は定電流源ともいう．それらは表 1.1 のような記号で電気回路中では表現される．電池は電圧源と考えられるが，現実の電池には内部抵抗があり，電流を流すと出力電圧は低下する．特に，内部抵抗がゼロの電圧源を理想電圧源，内部抵抗が無限大の電流源を理想電流源という．

表 1.1 電源の回路記号

電圧源	電圧源（直流）	電圧源（交流）	理想電圧源
電流源	電流源		理想電流源

1.2 回路要素とオームの法則

1.2.1 抵抗

受動回路素子の中で，それに流れる電流 i とその両端子間の電圧 v との間に比例関係が成り立ち，かつその比例定数が時間に対して変化しないものを**抵抗**あるいは抵抗器という．比例定数を R とすると，抵抗では次式が成り立つ．

$$v = Ri \tag{1.4}$$

これが**オームの法則**である．R は抵抗（器）の抵抗値，あるいは単に抵抗と呼ばれ，電流の流れにくさを表す．

抵抗は図 1.2 のように表され，左から右に電流 i が流れると，抵抗の右端子に対して左端子が v だけ高くなる．これを**電圧降下**あるいは**逆起電力**という．

式 (1.4) は電流 i について次のように書くことができる．

$$i = \frac{1}{R}v = Gv \tag{1.5}$$

抵抗 R の逆数 G を**コンダクタンス**と呼び，電流の流れやすさを表す．コンダクタンスで表すときの抵抗器を**コンダクタ**と呼ぶこともある．

抵抗の単位は Ω（オーム），コンダクタンスの単位は S（ジーメンス）である．

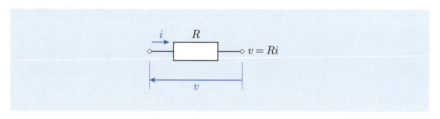

図 1.2 抵抗

1.2.2 インダクタ

インダクタは図 1.3 のように導線をらせん状に巻いて作られたものであり，電流の流れる向きと発生する磁界の向きは右ねじの法則に従う．電流 i とその電流によって発生する鎖交磁束 Φ の間に比例関係があるとき，その比例係数を**インダクタンス**といい，記号では通常 L を使う．

$$\Phi(t) = Li(t) \tag{1.6}$$

磁束の単位は Wb（ウェーバ），インダクタンスの単位は H（ヘンリー）であり，単位の間には [Wb] = [H][A] の関係がある．

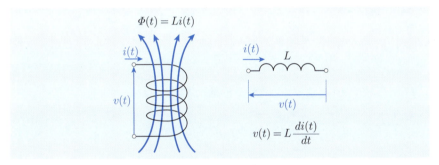

図 1.3 インダクタ

補足 コイルの巻数を N [回]，コイル中の磁束密度を一定と近似してそれを B（単位は T（テスラ））とし，磁束が通る有効面積を S [m^2] とすると，磁束 ϕ [Wb] は，$\phi = BS$ であり，鎖交磁束 Φ は，$\Phi = N\phi$ である．

インダクタは図 1.3 のように表される．インダクタの鎖交磁束 Φ が時間と共に変化するとき，つまりインダクタに流れる電流 i が時間と共に変化するとき，電磁誘導により，Φ の時間変化率に等しい電圧がインダクタの両端に発生する．

$$v(t) = \frac{d\Phi(t)}{dt} = L\frac{di(t)}{dt} \tag{1.7}$$

磁束が鉄などの非線形磁性材料を通るときは，電流 i と磁束 ϕ あるいは鎖交磁束 Φ との間には一般に比例関係が成り立たず，飽和現象や磁気ヒステリシスを示す．

1.2.3 キャパシタ

キャパシタ（コンデンサ）は電荷を蓄える電気回路素子であり，電荷 q に比例する電圧が端子間に発生する．その比例係数を**静電容量**あるいは**キャパシタンス**といい，記号では通常 C を使う．

$$q = Cv \tag{1.8}$$

静電容量（キャパシタンス）の単位は F（ファラド）であり，単位の間には，[C] = [F][V] の関係がある．

キャパシタ（コンデンサ）は図 1.4 のように表され，蓄積される電荷 q は電流 $i(t)$ を積分することにより求められる．積分の始点となる時間 t_0 は $q=0$ の時間である．

$$q(t) = \int_{t_0}^{t} i(t) dt \tag{1.9}$$

式 (1.8) と式 (1.9) を使って，電流 $i(t)$ は次式で表される．

$$i(t) = \frac{dq(t)}{dt} = C\frac{dv(t)}{dt} \tag{1.10}$$

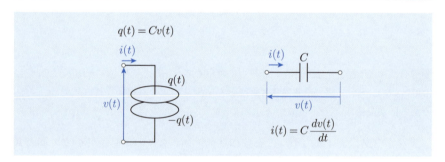

図 1.4　キャパシタ

1.3 抵抗の直列接続と並列接続

1.3.1 抵抗の直列接続

図 1.5 のように，2 つの抵抗 R_1 と R_2 の直列接続を考える．これらに電流 I が流れていると，それぞれの抵抗の両端には電圧 $R_1 I$ と $R_2 I$ が生じるので，電流 I と回路全体の電圧 V との間には次式が成立する．

$$V = V_1 + V_2 = R_1 I + R_2 I = (R_1 + R_2) I \tag{1.11}$$

したがって，回路全体の抵抗 R は

$$R = R_1 + R_2 \tag{1.12}$$

となる．これを 2 つの抵抗の直列接続の**合成抵抗**という．

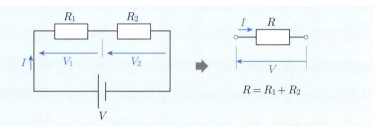

図 1.5 抵抗の直列接続

一般に，n 個の抵抗の直列接続の合成抵抗は，全ての抵抗の和であり，次式で得られる．

$$R = R_1 + R_2 + \cdots + R_n = \sum_{i=1}^{n} R_i \tag{1.13}$$

抵抗の直列接続を使って，**分圧回路**を構成できる．図 1.5 において，

$$I = \frac{V}{R_1 + R_2} = \frac{V_1}{R_1} = \frac{V_2}{R_2} \tag{1.14}$$

であるので，次式が成立する．

$$V_1 = \frac{R_1}{R_1 + R_2} V, \quad V_2 = \frac{R_2}{R_1 + R_2} V \tag{1.15}$$

すなわち

$$\frac{V_1}{V_2} = \frac{R_1}{R_2} \tag{1.16}$$

つまり，**分圧比**は抵抗の比になる．

例題 1.1 ブリッジ回路

図 1.6 の回路において,抵抗 R に電流が流れないための条件を求めよ.

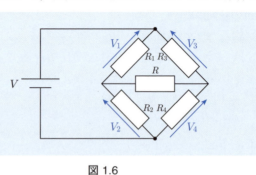

図 1.6

【解答】 抵抗 R を除いた図 1.7 の回路において,電圧 V_2 と V_4 は

$$V_2 = \frac{R_2}{R_1 + R_2} V, \quad V_4 = \frac{R_4}{R_3 + R_4} V \tag{1.17}$$

であり,両者が等しければ,抵抗 R を接続してもそこに電流は流れない.したがって,

$$\frac{R_2}{R_1 + R_2} V = \frac{R_4}{R_3 + R_4} V \tag{1.18}$$

より,条件として次式が得られる.

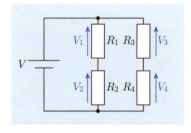

図 1.7

$$R_1 R_4 = R_2 R_3 \tag{1.19}$$

図 1.7 の回路を**ブリッジ回路**といい,抵抗 R に電流が流れない条件を与える式 (1.19) を**ブリッジ回路の平衡条件**という. ∎

1.3.2 抵抗の並列接続

次に 2 つの抵抗 R_1 と R_2 の並列接続を考える.図 1.8 に示すように,これらに電圧 V が印加されていると,それぞれの抵抗に流れる電流は $\frac{V}{R_1}$ と $\frac{V}{R_2}$ になるので,電圧 V と回路全体に流れる電流 I との間には次式が成立する.

$$I = I_1 + I_2 = \frac{V}{R_1} + \frac{V}{R_2} = \left(\frac{1}{R_1} + \frac{1}{R_2} \right) V \tag{1.20}$$

したがって,回路全体の抵抗を R とすると,

$$\frac{1}{R} = \frac{1}{R_1} + \frac{1}{R_2} \tag{1.21}$$

すなわち

$$R = \frac{R_1 R_2}{R_1 + R_2} \tag{1.22}$$

となる．これを 2 つの抵抗の並列接続の**合成抵抗**という．

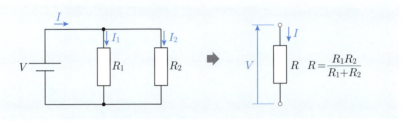

図 1.8 抵抗の並列接続

一般に，n 個の抵抗の並列接続の合成抵抗は，次式より得られる．

$$\frac{1}{R} = \frac{1}{R_1} + \frac{1}{R_2} + \cdots + \frac{1}{R_n} = \sum_{i=1}^{n} \frac{1}{R_i} \tag{1.23}$$

コンダクタンスを使って書き換えると，n 個のコンダクタの並列接続の**合成コンダクタンス**は次式で得られる．

$$G = G_1 + G_2 + \cdots + G_n = \sum_{i=1}^{n} G_i \tag{1.24}$$

1.3.3 コンダクタの直列接続・並列接続

図 1.9(a) のように 2 つのコンダクタを直列に接続したときの合成コンダクタンスは次式で与えられる．

$$G = \frac{1}{R} = \frac{1}{R_1 + R_2} = \frac{1}{\frac{1}{G_1} + \frac{1}{G_2}} = \frac{G_1 G_2}{G_1 + G_2} \tag{1.25}$$

また，図 1.9(b) のように並列に接続したときの合成コンダクタンスは次式で与えられる．

$$G = \frac{1}{R} = \frac{R_1 + R_2}{R_1 R_2} = \frac{1}{R_1} + \frac{1}{R_2} = G_1 + G_2 \tag{1.26}$$

つまり，抵抗とコンダクタでは，直列接続と並列接続の式の形が逆になり，抵

抗の並列接続と直列接続の合成抵抗を与える式 (1.22) と式 (1.12) において，R を G，R_1 を G_1，R_2 を G_2 に置き換えると，コンダクタの直列接続と並列接続の合成コンダクタの式が得られる．

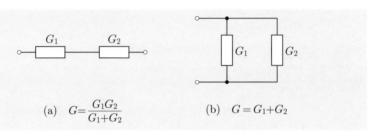

図 1.9　コンダクタの直列接続と並列接続

例題 1.2　分流回路

2 つのコンダクタの並列接続（図 1.9(b)）において，それぞれのコンダクタに流れる電流を求めよ．

【解答】　図 1.8 と図 1.9(b) より，

$$V = \frac{I}{G} = \frac{I}{G_1 + G_2} = \frac{I_1}{G_1} = \frac{I_2}{G_2} \tag{1.27}$$

であるので，次式が成立する．

$$I_1 = \frac{G_1}{G_1 + G_2} I, \quad I_2 = \frac{G_2}{G_1 + G_2} I \tag{1.28}$$

すなわち

$$\frac{I_1}{I_2} = \frac{G_1}{G_2} \tag{1.29}$$

これは**分流回路**と呼ばれ，コンダクタンスの比，すなわち抵抗の逆比で電流が分流する．コンダクタンスの比を**分流比**という．　■

1.3.4　抵抗とコンダクタの回路

抵抗（コンダクタ）を複数組み合わせた基本的な回路における電流や電圧の求め方について，いくつかの例題を通じて学ぶ．

例題 1.3　T 形回路

図 1.10 に示す回路の各部の電圧と電流を求めよ．

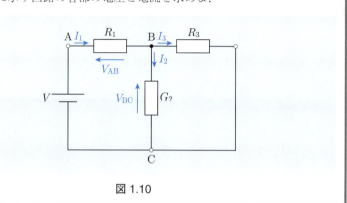

図 1.10

【解答】 AC 間の合成抵抗は，AB 間の抵抗 R_{AB} と，2 つの抵抗（コンダクタンス）の並列接続の合成抵抗である BC 間の抵抗 R_{BC} の和になるので，

$$R_{AC} = R_{AB} + R_{BC}$$
$$= R_1 + \frac{1}{G_2 + \frac{1}{R_3}} = R_1 + \frac{R_3}{1 + G_2 R_3} \quad (1.30)$$

である．分圧回路と見なすことによって V_{AB} と V_{BC} は

$$V_{AB} = \frac{R_{AB}}{R_{AC}} V = \frac{R_1}{R_1 + \frac{R_3}{1 + G_2 R_3}} V = \frac{R_1(1 + G_2 R_3)}{R_1 + R_3 + R_1 G_2 R_3} V \quad (1.31)$$

$$V_{BC} = \frac{R_{BC}}{R_{AC}} V = \frac{\frac{R_3}{1 + G_2 R_3}}{R_1 + \frac{R_3}{1 + G_2 R_3}} V = \frac{R_3}{R_1 + R_3 + R_1 G_2 R_3} V \quad (1.32)$$

となる．したがって，各部の電流はオームの法則を使って以下のように得られる．

$$I_1 = \frac{V_{AB}}{R_1} \left(= \frac{V}{R_{AC}} \right) = \frac{(1 + G_2 R_3)V}{R_1 + R_3 + R_1 G_2 R_3} \quad (1.33)$$

$$I_2 = G_2 V_{BC} = \frac{G_2 R_3 V}{R_1 + R_3 + R_1 G_2 R_3} \quad (1.34)$$

$$I_3 = \frac{V_{BC}}{R_3} = \frac{V}{R_1 + R_3 + R_1 G_2 R_3} \quad (1.35)$$

図 1.10 に示す R_1, G_2, R_3 から成る回路を **T 形回路** という．　■

例題 1.4　π 形回路

図 1.11 に示す回路の各部の電圧と電流を求めよ．

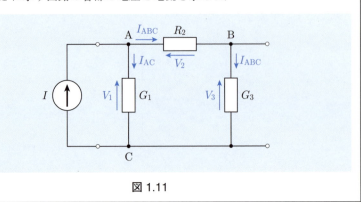

図 1.11

【解答】 AC 間の合成コンダクタンスは

$$G_{AC} = G_1 + G_{ABC}$$
$$= G_1 + \frac{\frac{1}{R_2} \cdot G_3}{\frac{1}{R_2} + G_3} = G_1 + \frac{G_3}{1 + R_2 G_3} \tag{1.36}$$

であるので，分流回路と見なすことによって I_{ABC} と I_{AC} は

$$I_{ABC} = \frac{G_{ABC}}{G_{AC}} I = \frac{\frac{G_3}{1+R_2G_3}}{G_1 + \frac{G_3}{1+R_2G_3}} I = \frac{G_3}{G_1 + G_3 + G_1 R_2 G_3} I \tag{1.37}$$

$$I_{AC} = \frac{G_1}{G_{AC}} I = \frac{G_1}{G_1 + \frac{G_3}{1+R_2G_3}} I = \frac{G_1(1 + R_2 G_3)}{G_1 + G_3 + G_1 R_2 G_3} I \tag{1.38}$$

となる．したがって，各部の電圧はオームの法則を使って以下のように得られる．

$$V_1 = \frac{I_{AC}}{G_1} \left(= \frac{I}{G_{AC}} \right) = \frac{(1 + R_2 G_3)I}{G_1 + G_3 + G_1 R_2 G_3} \tag{1.39}$$

$$V_2 = R_2 I_{ABC} = \frac{R_2 G_3 I}{G_1 + G_3 + G_1 R_2 G_3} \tag{1.40}$$

$$V_3 = \frac{I_{ABC}}{G_3} = \frac{I}{G_1 + G_3 + G_1 R_2 G_3} \tag{1.41}$$

図 1.11 に示す G_1, R_2, G_3 から成る回路を **π 形回路** という． ■

例題 1.5　Δ 接続から Y 接続への変換

図 1.12 に示すように 3 つの抵抗を接続した回路を，その形から Δ 接続回路，Y 接続回路という．r_1, r_2, r_3 の Δ 接続回路を，端子 A, B, C からみて等価な Y 接続回路に変換する．Y 接続回路の抵抗 R_1, R_2, R_3 を求めよ．

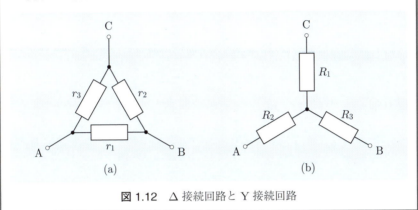

図 1.12 Δ 接続回路と Y 接続回路

【解答】　各端子間の抵抗が Δ 接続回路と Y 接続回路で等しいという条件から次式が得られる．

$$R_{AB} = R_2 + R_3 = \frac{r_1(r_2 + r_3)}{r_1 + r_2 + r_3} \tag{1.42}$$

$$R_{BC} = R_3 + R_1 = \frac{r_2(r_3 + r_1)}{r_1 + r_2 + r_3} \tag{1.43}$$

$$R_{CA} = R_1 + R_2 = \frac{r_3(r_1 + r_2)}{r_1 + r_2 + r_3} \tag{1.44}$$

これらの 3 式から

$$R_1 + R_2 + R_3 = \frac{r_1 r_2 + r_2 r_3 + r_3 r_1}{r_1 + r_2 + r_3} \tag{1.45}$$

が得られ，式 (1.45) から式 (1.42) あるいは式 (1.43)，式 (1.44) を引くことにより，Y 接続回路の各抵抗を Δ 接続回路の抵抗で以下のように表すことができる．

$$R_1 = \frac{r_2 r_3}{r_1 + r_2 + r_3} \tag{1.46}$$

$$R_2 = \frac{r_3 r_1}{r_1 + r_2 + r_3} \tag{1.47}$$

$$R_3 = \frac{r_1 r_2}{r_1 + r_2 + r_3} \tag{1.48}$$

1.4 電流と電圧の測定回路

理想的な電圧計は**内部抵抗**が無限大で，理想的な電流計は内部抵抗がゼロである．しかし，実際の電圧計や電流計は有限の内部抵抗が存在し，図 1.13 のような等価回路で表される．電流や電圧の測定においては，この内部抵抗 r の影響を考慮する必要がある．

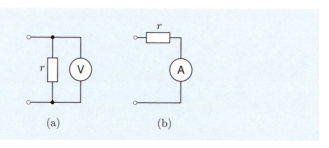

図 1.13　内部抵抗を考慮した電圧計と電流計の等価回路

例題 1.6　抵抗の電流と電圧の測定 (1)

抵抗 R に電流計と電圧計を図 1.14 のように接続して，電流と電圧を測定したところ，電流計と電圧計の指示値はそれぞれ $1\,\mathrm{mA}$, $10\,\mathrm{V}$ であった．電圧計の内部抵抗 r_V を $50\,\mathrm{k\Omega}$ とする．抵抗 R の値を求めよ．

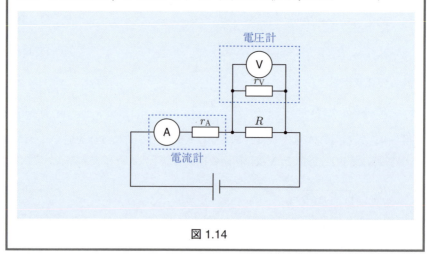

図 1.14

1.4 電流と電圧の測定回路

【解答】 電流計と電圧計の内部抵抗の影響を考慮しないと，抵抗 R の測定値は，

$$R = \frac{V}{I} = \frac{10\,[\text{V}]}{1\,[\text{mA}]} = 10\,[\text{k}\Omega] \tag{1.49}$$

となる．次に，内部抵抗を考慮すると，抵抗 R と電圧計の内部抵抗 r_V の並列接続されていて，そこに電流 I が流れたとき，電圧が V になっていることから，次式が得られる．

$$V = \frac{r_\text{V} R}{r_\text{V} + R} I \tag{1.50}$$

測定値は，電流 I が 1 mA，電圧 V が 10 V であり，電圧計の内部抵抗 r_V が 50 kΩ であるので，それらを式 (1.50) に代入すると，

$$10 = \frac{50 \times 10^3 R}{50 \times 10^3 + R} \times 1 \times 10^{-3} \tag{1.51}$$

となり，これから抵抗 R を求めると，12.5 kΩ である．

以上のように，図 1.14 に示す電流計と電圧計の接続の仕方では，電流計の内部抵抗 r_A は抵抗 R の計算に影響を及ぼさない．また，測定値から単純に計算した抵抗 R の値（式 (1.49)）は，内部抵抗を考慮したときの値（式 (1.51)）よりも小さくなっている． ∎

例題 1.7 抵抗の電流と電圧の測定 (2)

上の例題と同じ抵抗 R について，図 1.15 の測定回路で電流と電圧を測定したところ，電圧計は 12.51 V を示していた．電流計の内部抵抗 r_A は 10 Ω である．電流計の内部抵抗を考慮せずに測定値から直接求めた抵抗値はいくらになるか示せ．

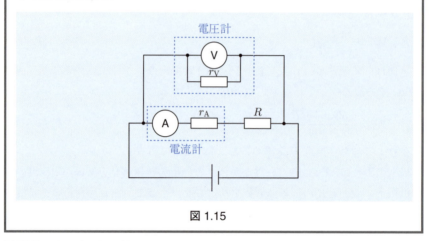

図 1.15

【解答】 電流計の指示値が I [A]，電圧計の指示値が V [V] であったとすると，
$$(r_A + R)I = V \tag{1.52}$$
であるから，電流計の内部抵抗 $r_A = 10$ [Ω]，抵抗 $R = 12.5$ [kΩ]，電圧計の測定値 $V = 12.51$ [V] を代入して，電流 I を求めると，1 mA が得られる．

一方，電流計の内部抵抗を考慮せずに，測定値から抵抗 R の値を直接求めると
$$R = \frac{V}{I} = \frac{12.51\,[\text{V}]}{1\,[\text{mA}]} = 12.51\,[\text{k}\Omega] \tag{1.53}$$
となる．これらから，図 1.15 の回路の方が図 1.14 の回路よりもより真の値に近い抵抗値が得られることがわかる．つまり，この抵抗 R の測定には，図 1.14 の回路よりも図 1.15 の回路を使用すべきということになる．

一般に，比較的高い抵抗値の抵抗を測定する場合は図 1.15 の回路を使う．つまり電流計も含めた電圧を測定する．一方，比較的低い抵抗値の抵抗を測定する場合は図 1.14 の回路を使う．つまり被測定対象である抵抗 R だけの電圧を測定する方がよい．

1.5 電力とエネルギー

図 1.16 に示すように，電源 V に抵抗 R が接続され，電流 I が流れているとき，単位時間当たり VI なるエネルギーが矢印の向きに運ばれ，抵抗 R でジュール熱として消費される．1.1 節で説明したように，単位時間当たりのエネルギーが**電力**

$$P = VI \tag{1.54}$$

である．つまり

$$P = VI = RI^2 = \frac{V^2}{R} \tag{1.55}$$

電力 1 W は 1 J/s であり，[W] = [V・A] である．

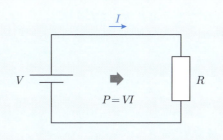

図 1.16 電源から供給され，抵抗で消費される電力

例題 1.8 有能電力

図 1.17 に示すように,無負荷電圧 V で内部抵抗 r の電源に負荷抵抗 R を接続するとき,抵抗 R における消費電力が最大になる条件を求めよ.

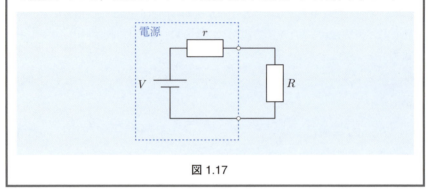

図 1.17

【解答】 負荷抵抗 R に流れる電流を I とすると,

$$I = \frac{V}{R+r} \tag{1.56}$$

であり,抵抗 R で消費される電力は,

$$P = RI^2 = R\left(\frac{V}{R+r}\right)^2 = \frac{R}{(R+r)^2}V^2 \tag{1.57}$$

となる.電力 P が最大になるときの条件は,

$$\frac{dP}{dR} = \frac{(R+r)^2 - 2R(R+r)}{(R+r)^4}V^2 = \frac{r-R}{(R+r)^3}V^2 = 0 \tag{1.58}$$

より,

$$R = r \tag{1.59}$$

である.このときの電力 P は,式 (1.59) を式 (1.57) に代入して

$$P_{\max} = \frac{V^2}{4r} \tag{1.60}$$

であり,これをこの電源の**有能電力**という.

$R < r$ のときは,電流 I が大きくなるが,抵抗 R にかかる電圧が小さくなるため,結局,抵抗 R で消費される電力が小さくなる.一方,$R > r$ のときは,電流 I が小さくなるため,抵抗 R にかかる電圧が大きくなっても,結局,抵抗 R で消費される電力は小さくなる.

1.6 回路の双対性

抵抗で表現したオームの法則の式 (1.4) とコンダクタンスで表現したオームの法則の式 (1.5) との関係を，図 1.18 に改めて示す．抵抗 R とコンダクタンス G の間には $R = \frac{1}{G}$ の関係があるので，単純に式の変換によって両式が得られるが，回路として，電圧源と電流源，抵抗とコンダクタを入れ替えると，その回路の電圧と電流の間の関係式は，もとの回路に対する式において電流と電圧，抵抗とコンダクタンスを入れ替えるだけで全く同じ形になる．

T 形回路と π 形回路の電流，電圧を与える式の関係を表 1.2 に改めて示す．この表のように，電流と電圧，抵抗とコンダクタンスを入れ替えるだけで全く同じ形をしていて，どちらかを求めると，他方の式も容易に得ることができる．

これは回路の**双対性**と呼ばれ，重要な性質である．これから学ぶことも含めて，双対性について表 1.3 に示す．表 1.3 は直流回路を中心に整理しているが，第 4 章で学ぶ交流回路も含めて双対性は重要な性質である．

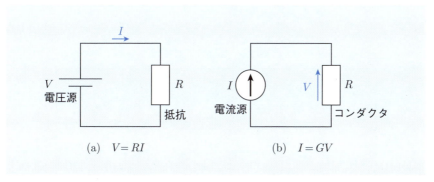

図 1.18　オームの法則と双対性

表 1.2 T 形回路と π 形回路の双対性

T 形回路	π 形回路
$I_1 = \dfrac{(1+G_2R_3)V}{R_1+R_3+R_1G_2R_3}$ $I_2 = \dfrac{G_2R_3V}{R_1+R_3+R_1G_2R_3}$ $I_3 = \dfrac{V}{R_1+R_3+R_1G_2R_3}$	$V_1 = \dfrac{(1+R_2G_3)I}{G_1+G_3+G_1R_2G_3}$ $V_2 = \dfrac{R_2G_3I}{G_1+G_3+G_1R_2G_3}$ $V_3 = \dfrac{I}{G_1+G_3+G_1R_2G_3}$

表 1.3 回路の双対性

電流	電圧
抵抗	コンダクタンス
抵抗の直列接続	コンダクタの並列接続
抵抗の並列接続	コンダクタの直列接続
$V = RI$	$I = GV$
電流源	電圧源
T 形回路	π形回路
キルヒホッフの第一法則（電流則）	キルヒホッフの第二法則（電圧則）
⋯	⋯

1.7　キルヒホッフの法則

　オームの法則と並んで，電気回路における基本的な法則が**キルヒホッフの法則**である．

　回路は，電圧源や電流源，抵抗などの回路要素が相互に接続されたものである．ここで，**節点**，**枝**，**閉路**を図 1.19 のように定義する．回路要素と回路要素の結び目を**節点**，隣り合う 2 つの節点を結ぶ回路要素あるいは回路要素が直列接続された区間を**枝**，枝を通って一回りする路を**閉路**という．閉路のうち，閉路の中に枝をもたないものを**網目**という．そうすると，回路は節点の集りで，節点と節点は枝によってつながっていると見ることもできるし，回路は網目の集りで，網目は枝の接続によってできていると見ることもできる．

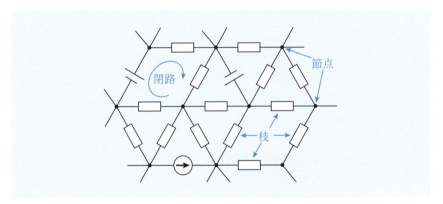

図 1.19　回路と節点，枝，閉路

　キルヒホッフの法則には第一法則と第二法則があり，それぞれ**電流則**と**電圧則**ともいわれる．

(1) **キルヒホッフの第一法則（電流則）**

複数の枝が一つの節点で接続されている図 1.20 の場合において，流れ込む電流（I_1, I_2, I_3）と流れ出す電流（I_4, I_5）の間には次式が成り立つ．

$$I_1 + I_2 + I_3 = I_4 + I_5 \tag{1.61}$$

ここで，節点に流れ込む電流の向きを正とし，一般化して表現すると，**キルヒホッフの第一法則**（電流則）は次のようにいうことができる．

「任意の節点に流入する電流の総和は 0 である．」

$$\sum_k I_k = 0 \tag{1.62}$$

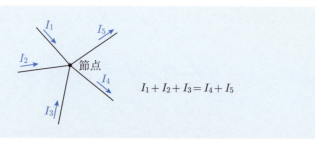

図 1.20 キルヒホッフの第一法則

(2) **キルヒホッフの第二法則（電圧則）**

回路にはいくつかの閉路をとることができる．その中の任意の閉路について，**キルヒホッフの第二法則**（電圧則）が成り立つ．

「任意の閉路について，その閉路に沿った枝電圧の総和は 0 である．」

$$\sum_k V_k = 0 \tag{1.63}$$

1.7 キルヒホッフの法則

例題 1.9　電気回路とキルヒホッフの法則

図 1.21 の回路で各抵抗に流れる電流を求めよ．

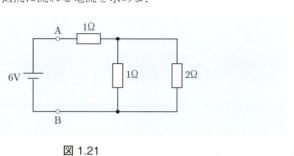

図 1.21

【解答】 各枝（抵抗）を流れる電流を図 1.22 のようにおき，各節点にキルヒホッフの第一法則を適用すると次式が得られる．

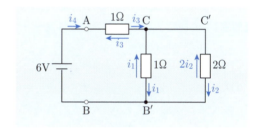

図 1.22

$$節点\ A: \quad -i_3 + i_4 = 0 \tag{1.64}$$

$$節点\ B: \quad i_1 + i_2 - i_4 = 0 \tag{1.65}$$

$$節点\ C: \quad -i_1 - i_2 + i_3 = 0 \tag{1.66}$$

また各抵抗にはオームの法則によって図 1.22 に示すような電圧が生じる．図の回路の3つの閉路についてキルヒホッフの第二法則を適用すると次式が得られる．

$$閉路\ ACB'B: \quad 6 - i_3 - i_1 = 0 \tag{1.67}$$

$$閉路\ CC'B': \quad i_1 - 2i_2 = 0 \tag{1.68}$$

$$閉路\ ACC'B'B: \quad 6 - i_3 - 2i_2 = 0 \tag{1.69}$$

未知数が i_1 から i_4 の4個に対し方程式が6個あって明らかに多すぎる．例えば，式 (1.66) は式 (1.64) と式 (1.65) から，式 (1.69) は式 (1.67) と式 (1.68) から導出できるので，式 (1.66) と式 (1.69) を除いて他の4式から電流を求めると

$$i_1 = 2.4\,[\mathrm{A}], \quad i_2 = 1.2\,[\mathrm{A}], \quad i_3 = i_4 = 3.6\,[\mathrm{A}] \tag{1.70}$$

となる．■

例題 1.10　はしご形回路

図 1.23 に示す**はしご形回路**の左側の端子からみた合成抵抗を求めよ．8 個の抵抗（$r_1 \sim r_8$）は全て $1\,\Omega$ である．

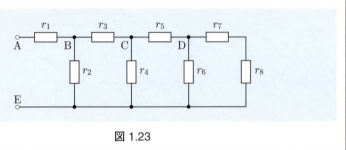

図 1.23

【解答】　最初に r_8 に流れる電流を $1\,\mathrm{A}$ と仮定する．r_7 に流れる電流も $1\,\mathrm{A}$ であり，点 D の電圧は $2\,\mathrm{V}$ となる．そうすると r_6 に流れる電流は $2\,\mathrm{A}$ となり，点 D にキルヒホッフの第一法則を適用することにより，r_5 に流れる電流 $3\,\mathrm{A}$ が得られる．以下，順番に電流や電圧を求めていくと図 1.24 のようになり，端子電圧 $34\,\mathrm{V}$，点 A から流れ込む電流 $21\,\mathrm{A}$ が得られる．したがって，この回路の合成抵抗が次のように得られる．

$$R = \frac{V_{\mathrm{AE}}}{I_1} = \frac{34}{21}\,[\Omega] \tag{1.71}$$

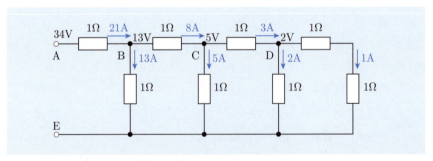

図 1.24　図 1.22 のはしご形回路の合成抵抗の求め方

1章の問題

1 （**閉路方程式**） 図の回路の合成抵抗を求めよ．

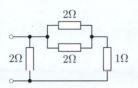

2 （**直流回路**） 図の回路において，次の問に答えよ．
(a) $R = 0\,[\Omega]$ のときの，電流 i と $3\,\Omega$ の抵抗の両端の電圧 v を求めよ．
(b) $R = 1\,[\Omega]$, $i_1 = 2\,[\mathrm{A}]$ のときの，電流 i と i_2，および $3\,\Omega$ の抵抗の両端の電圧 v を求めよ．

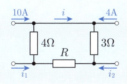

3 （**Y–△ 変換**） 図の回路の AC 間の合成抵抗を求めよ．また，AC 間に 110 V の電圧をかけたときの BC 間の電圧を求めよ．

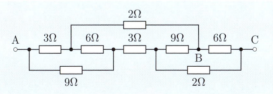

4 （**ブリッジ回路**） 図の回路で $R_1 R_2 = R^2$ の関係が成立しているとき，v_1 を求めよ．

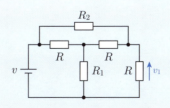

□**5** （**合成抵抗**）　各辺の抵抗が R の図の回路の AB 間の合成抵抗を求めよ．

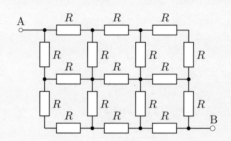

2 回路の方程式

　電気回路の中の電流や電圧の間の関係を記述する回路方程式である閉路方程式と節点方程式の導出方法とその解き方について学ぶ．また，回路網の一般的な扱いとして，グラフ，接続行列，閉路行列などを説明し，それらから，行列表現によるオームの法則，閉路方程式，節点方程式を導出する．

2章で学ぶ概念・キーワード
- 閉路方程式
- 節点方程式
- 回路のトポロジー
- グラフ
- 接続行列
- 閉路行列

2.1　回路の方程式と変数の選び方

　第 1 章で学んだキルヒホッフの法則を適用することにより，電気回路の電流や電圧の関係を方程式として記述できる．その方程式を**回路方程式**と呼び，変数の選び方によって**閉路方程式**と**節点方程式**がある．

　閉路方程式は**閉路電流**を変数とする方程式であり，節点に流入する電流の総和はゼロという電流則であるキルヒホッフの第一法則は自動的に満足され，閉路に沿った枝電圧の総和はゼロという電圧則である第二法則を満足する条件を方程式として記述する．

　一方，節点方程式は**節点電位**を変数とし，キルヒホッフの第二法則を自動的に満たし，第一法則を満足する条件を方程式として記述する．

　表 2.1 に閉路方程式と節点方程式の特徴をまとめて示す．

表 2.1　回路の方程式

	閉路方程式	節点方程式
変数	閉路電流	節点電圧
キルヒホッフの第一法則 （電流則）	自動的に満足	方程式で記述
キルヒホッフの第二法則 （電圧則）	方程式で記述	自動的に満足

2.2 閉路方程式

図2.1の回路に対する閉路方程式を考えてみる．閉路#1と閉路#2においてキルヒホッフの第二法則が満たされるためには，次の方程式が成立しなければならない．

$$R_1 i_1 + R_2(i_1 - i_2) = v_1 \tag{2.1}$$

$$R_2(i_2 - i_1) + R_3 i_2 = -v_2 \tag{2.2}$$

それぞれの式の左辺を電流に関して整理すると，次式が得られる．

$$(R_1 + R_2)i_1 - R_2 i_2 = v_1 \tag{2.3}$$

$$-R_2 i_1 + (R_2 + R_3)i_2 = -v_2 \tag{2.4}$$

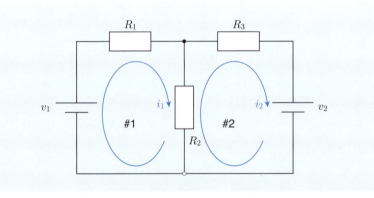

図2.1 閉路方程式を考える回路

この閉路方程式の中で，式 (2.3) における電流 i_1 の係数は，i_1 が流れる閉路#1に沿っての抵抗の和である．i_2 の係数は閉路#1と閉路#2の共通の抵抗の和であり，閉路電流の向きが同じなら符号はプラス，逆ならばマイナスになる．右辺は閉路#1に沿っての電圧源の和であり，ここでは v_1 である．式 (2.4) についても閉路#1と閉路#2の関係が入れ替わるだけで，考え方は同様である．

これを一般的に表現すると次のような連立一次方程式になる．ここでは行列で表現している．

$$\begin{bmatrix} R_{11} & \cdots & R_{1j} & \cdots & R_{1n} \\ R_{21} & \cdots & R_{2j} & \cdots & R_{2n} \\ \vdots & & \vdots & & \vdots \\ R_{k1} & \cdots & R_{kj} & \cdots & R_{kn} \\ \vdots & & \vdots & & \vdots \\ R_{n1} & \cdots & R_{nj} & \cdots & R_{nn} \end{bmatrix} \begin{bmatrix} i_1 \\ i_2 \\ \vdots \\ i_k \\ \vdots \\ i_n \end{bmatrix} = \begin{bmatrix} E_1 \\ E_2 \\ \vdots \\ E_k \\ \vdots \\ E_n \end{bmatrix} \quad (2.5)$$

ただし,

R_{kk}:閉路 #k の全抵抗

R_{kj} ($k \neq j$):閉路 #k と閉路 #j の共通部分の抵抗

(符号:閉路の定義方向が一致(+),逆(−))

E_k:閉路 #k に沿っての定電圧源の和

(符号:閉路と方向が一致(+),逆(−))

である.

― **例題 2.1 閉路方程式 (1)** ―

図 2.2 の回路について,閉路方程式を作れ.閉路電流 i_1, i_2, i_3 はそれぞれ図に示す向きを正とする.

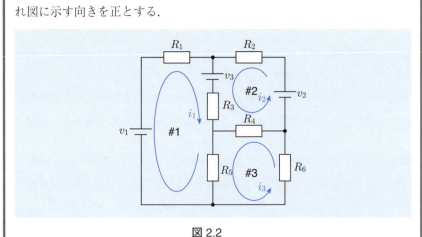

図 2.2

【解答】 電流 i_1 が流れる閉路 #1 においては,閉路に沿った抵抗が $R_1 + R_3 + R_5$ であり,閉路 #2 と共通の抵抗が R_3 で,そこに流れる電流 i_1 と i_2 は同じ向き,

2.2 閉路方程式

閉路#3と共通の抵抗がR_5で，そこに流れる電流i_1とi_3は逆向きである．閉路#1に沿っての電圧源の和は$v_1 - v_3$である．同様に閉路#2と#3についても整理し，それらをまとめると，次の閉路方程式が得られる．

$$\begin{bmatrix} R_1 + R_3 + R_5 & +R_3 & -R_5 \\ +R_3 & R_2 + R_3 + R_4 & +R_4 \\ -R_5 & +R_4 & R_4 + R_5 + R_6 \end{bmatrix} \begin{bmatrix} i_1 \\ i_2 \\ i_3 \end{bmatrix} = \begin{bmatrix} v_1 - v_3 \\ v_2 - v_3 \\ 0 \end{bmatrix} \tag{2.6}$$

例題 2.2　閉路方程式 (2)

図 2.3 の回路について，閉路方程式を導出し，電流i_3を求めよ．

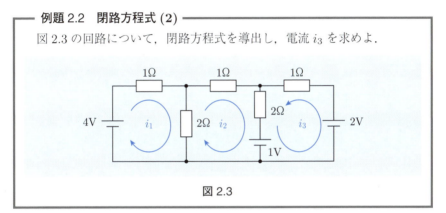

図 2.3

【解答】　図より，次の閉路方程式が得られる．

$$\begin{cases} 3i_1 - 2i_2 = 4 \\ -2i_1 + 5i_2 + 2i_3 = -1 \\ 2i_2 + 3i_3 = 1 \end{cases} \tag{2.7}$$

この連立一次方程式をi_3について解くと，式 (2.8) の通りである．

$$i_3 = \frac{\begin{vmatrix} 3 & -2 & 4 \\ -2 & 5 & -1 \\ 0 & 2 & 1 \end{vmatrix}}{\begin{vmatrix} 3 & -2 & 0 \\ -2 & 5 & 2 \\ 0 & 2 & 3 \end{vmatrix}} = \frac{1}{21} \, [\text{A}] \tag{2.8}$$

2.3 節点方程式

次に,図 2.4(a) の回路に対する節点方程式を考えてみる.節点 1 においてキルヒホッフの第一法則が満たされなければならないので,図 2.4(b) に示すように,節点 1 に流れ込む電流の間には次の方程式が成立しなければならない.

$$\frac{v_1}{R_1} + \frac{v_1 - v_2}{R_2} = i_0 \tag{2.9}$$

節点 2 においても同様に次の方程式が成立する.

$$\frac{v_2 - v_1}{R_2} + \frac{v_2}{R_3} + \frac{v_2}{R_4} = 0 \tag{2.10}$$

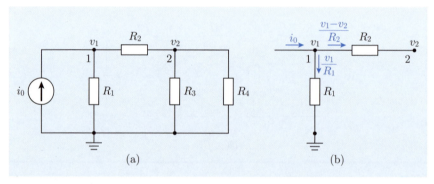

図 2.4 節点方程式を考えてみる回路

それぞれの式の左辺を電圧に関して整理すると,次式が得られる.

$$(G_1 + G_2)v_1 - G_2 v_2 = i_0 \tag{2.11}$$

$$-G_2 v_1 + (G_2 + G_3 + G_4)v_2 = 0 \tag{2.12}$$

ここで G_k はコンダクタンスであり,抵抗 R_k と次式で関係付けられる.

$$G_k = \frac{1}{R_k}$$

式 (2.11) の左辺は,節点 1 からコンダクタンスを介して流出する電流の総和を表している.

この節点方程式の中で,式 (2.11) における電圧 v_1 の係数は,電圧 v_1 である節点 1 に接続する全てのコンダクタンスの和である.v_2 の係数は節点 1 と

節点 2 の間のコンダクタンスに -1 を乗じたものである．右辺は節点 1 に電流源から流入する電流の和である．式 (2.12) についても節点 1 と節点 2 の関係が入れ替わるだけで，考え方は同様である．

これを一般的に表現すると次のような連立一次方程式になる．ここでは行列で表現している．

$$\begin{bmatrix} G_{11} & \cdots & G_{1j} & \cdots & G_{1n} \\ G_{21} & \cdots & G_{2j} & \cdots & G_{2n} \\ \vdots & & \vdots & & \vdots \\ G_{k1} & \cdots & G_{kj} & \cdots & G_{kn} \\ \vdots & & \vdots & & \vdots \\ G_{n1} & \cdots & G_{nj} & \cdots & G_{nn} \end{bmatrix} \begin{bmatrix} v_1 \\ v_2 \\ \vdots \\ v_k \\ \vdots \\ v_n \end{bmatrix} = \begin{bmatrix} I_1 \\ I_2 \\ \vdots \\ I_k \\ \vdots \\ I_n \end{bmatrix} \quad (2.13)$$

G_{kk}：第 k 節点につながるコンダクタンスの和
G_{kj} $(k \neq j)$：第 k, j 節点間のコンダクタンス $\times (-1)$
I_k：第 k 節点に電流源から流れ込む電流の和

例題 2.3　接点方程式 (1)

図 2.5 の回路について，節点方程式を導出せよ．

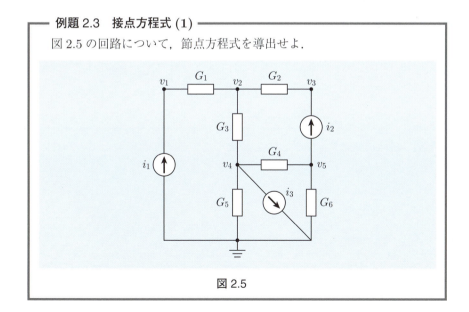

図 2.5

【解答】 各節点につながるコンダクタンス，節点間のコンダクタンス，節点に電流源から流れ込む電流を行列の要素に入れることにより，次の連立一次方程式で表される節点方程式が得られる．

$$\begin{bmatrix} G_1 & -G_1 & 0 & 0 & 0 \\ -G_1 & G_1+G_2+G_3 & -G_2 & -G_3 & 0 \\ 0 & -G_2 & G_2 & 0 & 0 \\ 0 & -G_3 & 0 & G_3+G_4+G_5 & -G_4 \\ 0 & 0 & 0 & -G_4 & G_4+G_6 \end{bmatrix} \begin{bmatrix} v_1 \\ v_2 \\ v_3 \\ v_4 \\ v_5 \end{bmatrix} = \begin{bmatrix} i_1 \\ 0 \\ i_2 \\ -i_3 \\ -i_2 \end{bmatrix}$$
(2.14)■

例題 2.4 接点方程式 (2)

図 2.6 の回路で，抵抗の値は全て等しい．電圧 v_0 を v_1, v_2, v_3, v_4 で表せ．

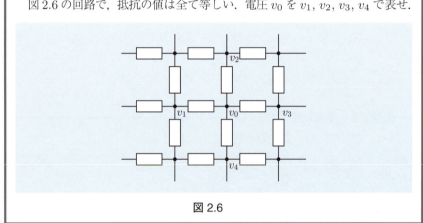

図 2.6

【解答】 各抵抗のコンダクタンスを G として，v_0 の節点についての節点方程式は，

$$4Gv_0 - Gv_1 - Gv_2 - Gv_3 - Gv_4 = 0 \tag{2.15}$$

となる．したがって

$$v_0 = \frac{v_1 + v_2 + v_3 + v_4}{4} \tag{2.16}$$

■

例題 2.5　接点方程式 (3)

図 2.7 の回路について，電圧 v_0 の式を導出せよ．

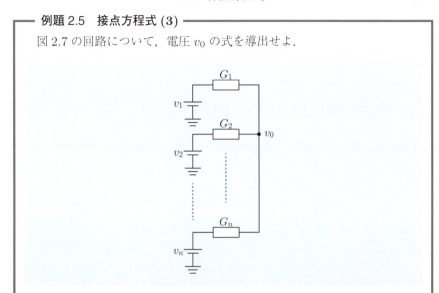

図 2.7

【解答】 v_0 の節点についての節点方程式は，

$$(G_1 + G_2 + \cdots + G_n)v_0 - G_1 v_1 - G_2 v_2 - \cdots - G_n v_n = 0 \tag{2.17}$$

となる．したがって，

$$v_0 = \frac{G_1 v_1 + G_2 v_2 + \cdots + G_n v_n}{G_1 + G_2 + \cdots + G_n} \tag{2.18}$$

である．

2.4 様々な回路の方程式

電圧源と電流源を両方含む回路の方程式や，電圧源と電流源との間の変換について本節では学ぶ．

> **例題 2.6 電圧源と電流源を含む回路**
>
> 電流源と電圧源を両方含む図 2.8 の回路について，閉路方程式と節点方程式を導出せよ．
>
>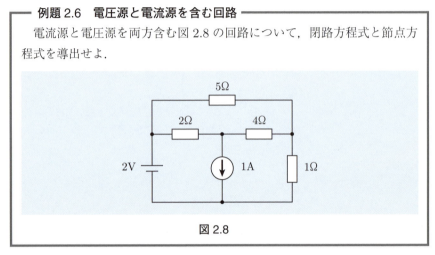
>
> 図 2.8

【解答】 例えば図 2.9 に示すように 3 つの閉路を選ぶと，そのうちの 1 つの閉路電流は 1 A であるので，閉路方程式は残りの 2 つの閉路について作ればよい．その閉路電流を図のように i_1 と i_2 とおくと，閉路方程式は，

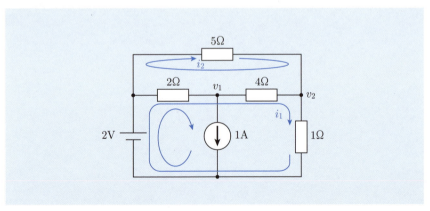

図 2.9　図 2.8 の回路で考える閉路電流と節点電位

2.4 様々な回路の方程式

$$\begin{cases} (2+4+1)i_1 - (2+4)i_2 + 2 \times 1 = 2 \\ -(2+4)i_1 + (5+2+4)i_2 - 2 \times 1 = 0 \end{cases} \tag{2.19}$$

である．

節点方程式は，求めるべき2つの節点電圧を v_1 と v_2 として，

$$\begin{cases} \left(\dfrac{1}{2}+\dfrac{1}{4}\right)v_1 - \dfrac{1}{4}v_2 - \dfrac{1}{2} \times 2 = -1 \\ -\dfrac{1}{4}v_1 + \left(\dfrac{1}{5}+\dfrac{1}{4}+1\right)v_2 - \dfrac{1}{5} \times 2 = 0 \end{cases} \tag{2.20}$$

である． ■

次に，電流源 i_0 と電圧源 v_0 を含む図 2.10 の回路を考えてみる．

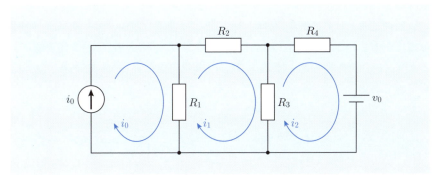

図 2.10 電流源と電圧源を含む回路 2

図中に示すように閉路電流を i_1, i_2 として，この回路の閉路方程式を作ると次式のようになる．

$$\begin{cases} -R_1 i_0 + (R_1+R_2+R_3)i_1 - R_3 i_2 = 0 \\ -R_3 i_1 + (R_3+R_4)i_2 = -v_0 \end{cases} \tag{2.21}$$

ここで，最初の式の第1項 $-R_1 i_0$ を右辺に移すと，次式のようになる．

$$\begin{cases} (R_1+R_2+R_3)i_1 - R_3 i_2 = R_1 i_0 \\ -R_3 i_1 + (R_3+R_4)i_2 = -v_0 \end{cases} \tag{2.22}$$

式 (2.22) は，図 2.11 の閉路方程式であると考えてよい．

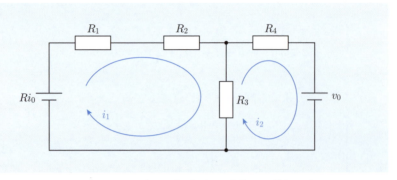

図 2.11 図 2.10 の電流源を電圧源に変換した等価回路

等価な図 2.10 と図 2.11 を比較すると，電流源 i_0 と抵抗 R_1 の並列回路が電圧源 $R_1 i_0$ と抵抗 R_1 の直列回路と等価で，両者の間の変換が可能であることを意味している．

一般に電源としての機能が等価であるとは，①開放電圧が等しく，かつ②短絡電流が等しいことである．図 2.12 に示すように，$v_0 = R_0 i_0$ の条件が成立するとき，両回路の開放電圧は $v_0 = R_0 i_0$，短絡電流は $i_0 = \frac{v_0}{R_0}$ であり，両回路は等価である．

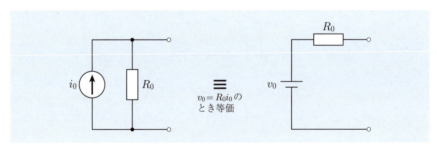

図 2.12 電流源と電圧源の変換（等価性）

2.5 回路のトポロジー

2.5.1 グラフ

回路網の接続状態のみを示すために,構成する素子を線分で表したものを回路の**グラフ**と呼ぶ.例えば,図 2.13(a) の回路のグラフは図 2.13(b) のように表される.グラフは,回路を構成する素子を線分で表した**枝**と,素子が互いに接続されている点である**節点**から成る.回路方程式を考える場合,グラフを構成する枝を流れる電流の向きを考える必要がある.枝に向きをつけたグラフを**有向グラフ**という.

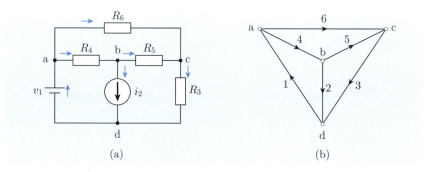

図 2.13 回路とグラフ

一般に,全ての節点を接続し,閉路を含まない枝の集合を**木**,木に含まれない枝を**補木**という.木と補木は 1 通りには定まらない.図 2.13(b) のグラフの木と補木の例を図 2.14 に示す.

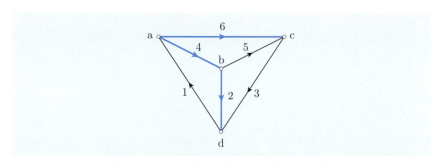

図 2.14 木(青線)と補木(黒線)の選択例

キルヒホッフの第一法則のみの範囲内では，補木の枝電流は自由に決められ，これを決めると木の枝電流は定まる．また，キルヒホッフの第二法則のみの範囲内では，木に属する枝の電圧は自由に決められ，これを決めると補木の枝電圧は定まる．

節点方程式を作るときは，1つの木に属する枝の電圧を未知数にとればよい．これは1つの節点を基準とし，他の全ての節点の電位を未知数にとることと同じである．また，閉路方程式を作るときは，補木に属する枝の電流を未知数にすればよい．これは補木に属する枝を1つとり，その枝と木に属する枝から成る閉路を選ぶのと同じことである．図 2.14 では枝 2, 4, 6 が木であり，枝 1, 3, 5 が補木であるので，閉路は 142, 325, 564 の 3 つである．

1つの回路に含まれる節点の数を n，枝の数を b とすると，節点方程式の数は $n-1$ であり，閉路方程式の数は $b-(n-1)=b-n+1$ である．

2.5.2 接続行列

回路における素子の接続状態を表現するのに，**接続行列**と**閉路行列**が用いられる．枝と節点の接続関係を表すのが接続行列である．接続行列 A は，節点の数を n，枝の数を b として，$(n \times b)$ 行列である．

$$A = \begin{bmatrix} a_{11} & a_{12} & \cdots & a_{1b} \\ a_{21} & a_{22} & \cdots & a_{2b} \\ \vdots & \vdots & \ddots & \vdots \\ a_{n1} & a_{n2} & \cdots & a_{nb} \end{bmatrix} \tag{2.23}$$

接続行列 A の要素 a_{ij} は次のように与える．

$$a_{ij} = \begin{cases} 1 : 枝\ j\ が節点\ i\ に入るとき（終点）\\ -1 : 枝\ j\ が節点\ i\ から出るとき（始点）\\ 0 : その他 \end{cases}$$

例題 2.7 グラフと接続行列

図 2.15 の回路のグラフで,図のように枝と節点に番号をつけるとき,接続行列を求めよ.

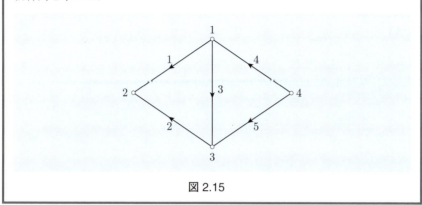

図 2.15

【解答】

$$A = \begin{bmatrix} -1 & 0 & -1 & 1 & 0 \\ 1 & 1 & 0 & 0 & 0 \\ 0 & -1 & 1 & 0 & 1 \\ 0 & 0 & 0 & -1 & -1 \end{bmatrix} \quad (2.24)$$

各枝の電流を,枝の向きに合わせて $i_1, i_2, \cdots, i_b$ とし,次のように枝電流ベクトル $\boldsymbol{i}$ を定義すると,

$$\boldsymbol{i} = \begin{bmatrix} i_1 \\ i_2 \\ \vdots \\ i_b \end{bmatrix} \quad (2.25)$$

キルヒホッフの第一法則(電流則)は次式のように書ける.

$$A\boldsymbol{i} = \boldsymbol{0} \quad (2.26)$$

ただし,$\boldsymbol{0}$ はゼロベクトルである.

例題 2.8　グラフとキルヒホッフの第一法則

例題 2.7 における回路のグラフで，$Ai = 0$ がキルヒホッフの第一法則を表すことを確かめよ．

【解答】

$$Ai = \begin{bmatrix} -1 & 0 & -1 & 1 & 0 \\ 1 & 1 & 0 & 0 & 0 \\ 0 & -1 & 1 & 0 & 1 \\ 0 & 0 & 0 & -1 & -1 \end{bmatrix} \begin{bmatrix} i_1 \\ i_2 \\ i_3 \\ i_4 \\ i_5 \end{bmatrix}$$

$$= \begin{bmatrix} -i_1 - i_3 + i_4 \\ i_1 + i_2 \\ -i_2 + i_3 + i_5 \\ -i_4 - i_5 \end{bmatrix} \tag{2.27}$$

これを $\mathbf{0}$ とおくと，確かに図 2.15 に対するキルヒホッフの第一法則である．■

各節点の電位を $v_1, v_2, \cdots, v_n$ とし，各枝の電圧を，枝の矢印の先端の向きに正として，$e_1, e_2, \cdots, e_b$ とする．そして，次のように節点電圧ベクトル $\boldsymbol{v}$ と枝電圧ベクトル $\boldsymbol{e}$ を定義すると，

$$\boldsymbol{v} = \begin{bmatrix} v_1 \\ v_2 \\ \vdots \\ v_n \end{bmatrix}, \quad \boldsymbol{e} = \begin{bmatrix} e_1 \\ e_2 \\ \vdots \\ e_b \end{bmatrix} \tag{2.28}$$

次式が成り立ち，節点電位と枝電圧の関係を与えている．

$$\boldsymbol{e} = A^T \boldsymbol{v} \tag{2.29}$$

通常，節点のうちのどれか 1 つは基準点となり，その節点の電位をゼロとする．

例題 2.9　接点電圧ベクトルと板電圧ベクトル

例題 2.7 における回路のグラフで，$e = A^T v$ が成り立つことを確かめよ．

【解答】

$$A^T v = \begin{bmatrix} -1 & 1 & 0 & 0 \\ 0 & 1 & -1 & 0 \\ -1 & 0 & 1 & 0 \\ 1 & 0 & 0 & -1 \\ 0 & 0 & 1 & -1 \end{bmatrix} \begin{bmatrix} v_1 \\ v_2 \\ v_3 \\ v_4 \end{bmatrix} = \begin{bmatrix} -v_1 + v_2 \\ v_2 - v_3 \\ -v_1 + v_3 \\ v_1 - v_4 \\ v_3 - v_4 \end{bmatrix} \quad (2.30)$$

これが各枝の電圧であることは容易にわかる．　■

接続行列 A とその行列式は次の性質をもつ．

(i)　$\mathrm{rank}\, A = n - 1$

(ii)　A_1（A から任意の 1 行を除いた行列）の任意の $n-1$ 次小行列式を Δ とすると

$$\Delta = \begin{cases} \pm 1 : \Delta \text{ の各列に対応する枝は木を作る} \\ 0 : \Delta \text{ の各列に対応する枝は木を作らない} \end{cases}$$

例題 2.10　グラフと $n-1$ 次小行列式

例題 2.7 における回路のグラフで，A_1 の任意の $n-1$ 次小行列式が上の性質をもつことを確かめよ．

【解答】

$$A = \begin{bmatrix} -1 & 0 & -1 & 1 & 0 \\ 1 & 1 & 0 & 0 & 0 \\ 0 & -1 & 1 & 0 & 1 \\ 0 & 0 & 0 & -1 & -1 \end{bmatrix} \quad (2.31)$$

であり，最後の第 4 行を取り除くと，

$$A_1 = \begin{bmatrix} -1 & 0 & -1 & 1 & 0 \\ 1 & 1 & 0 & 0 & 0 \\ 0 & -1 & 1 & 0 & 1 \end{bmatrix} \tag{2.32}$$

である．例えば，第 1, 2, 4 列を取り出して小行列式を作ると，

$$\Delta_{124} = \begin{vmatrix} -1 & 0 & 1 \\ 1 & 1 & 0 \\ 0 & -1 & 0 \end{vmatrix} = -1 \tag{2.33}$$

であり，枝 1, 2, 4 は木を作っている．一方，第 1, 2, 3 列を取り出して小行列式を作ると，

$$\Delta_{123} = \begin{vmatrix} -1 & 0 & -1 \\ 1 & 1 & 0 \\ 0 & -1 & 1 \end{vmatrix} = 0 \tag{2.34}$$

であり，枝 1, 2, 3 は木を作っていない．■

2.5.3 閉路行列

枝と閉路の関係を表すのが閉路行列である．独立な閉路の数を $e\ (= b - n + 1)$ とすると閉路行列 B は $(e \times b)$ 行列である．

$$B = \begin{bmatrix} b_{11} & b_{12} & \cdots & b_{1b} \\ b_{21} & b_{22} & \cdots & b_{2b} \\ \vdots & \vdots & \ddots & \vdots \\ b_{e1} & b_{e2} & \dots & b_{eb} \end{bmatrix} \tag{2.35}$$

閉路行列 B の要素 b_{ij} を次のように与える．

$$b_{ij} = \begin{cases} 1 : \text{枝 } j \text{ が閉路 } i \text{ に含まれ，同じ向き} \\ -1 : \text{枝 } j \text{ が閉路 } i \text{ に含まれ，逆向き} \\ 0 : \text{その他} \end{cases}$$

例題 2.11　グラフと閉路行列

図 2.13(b) の回路のグラフで，図のように枝と節点に番号をつけるとき，閉路行列を求めよ．

【解答】

$$B = \begin{bmatrix} -1 & 1 & 1 & 0 & 0 \\ 0 & 0 & -1 & -1 & 1 \end{bmatrix} \tag{2.36}$$

あるグラフの接続行列を A，閉路行列を B とすると $AB^T = \mathbf{0}$ が成り立つ．これは以下のように証明できる．

AB^T の第 i 行，第 j 列は，

$$\sum_{k=1}^{b} a_{ik} b_{jk} \tag{2.37}$$

である．ここで，k は枝番号，i は節点番号，j は閉路番号を表す．$a_{ik} \neq 0$ のとき枝 k が節点 i に出入りし，$b_{jk} \neq 0$ のとき枝 k が閉路 j に含まれる．閉路 j が節点 i を通らないとき，$\sum a_{ik} b_{jk} = 0$ であり，閉路 j が節点 i を通るときも $\sum a_{ik} b_{jk} = 0$ であることが確認できる．

また，必要十分以上の閉路を考えた閉路行列 B' について，$\operatorname{rank} B' = b - n + 1$ となる．

閉路電流ベクトル $\boldsymbol{j}$ と枝電流ベクトル $\boldsymbol{i}$ の間には次式が成立する．

$$\boldsymbol{i} = B^T \boldsymbol{j}, \quad \boldsymbol{j} = \begin{bmatrix} j_1 \\ j_2 \\ \vdots \\ j_l \end{bmatrix} \tag{2.38}$$

また，キルヒホッフの第二法則は，枝電圧ベクトル $\boldsymbol{e}$ を使って次式で表される．

$$B\boldsymbol{e} = \mathbf{0} \tag{2.39}$$

2.6 回路方程式の一般表現

2.6.1 オームの法則

電圧源と抵抗が直列に接続された図 2.16(a) の回路要素について,枝電圧を e_k,そこに含まれる電圧源を $e_{\mathrm{s}k}$,枝電流を i_k,抵抗を r_k とすると,

$$e_k = e_{\mathrm{s}k} - r_k i_k$$

の関係が成り立つ.

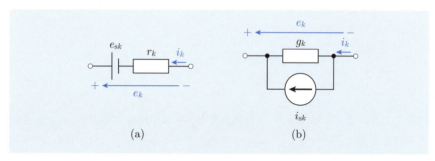

図 2.16 回路要素のオームの法則

複数の回路要素で構成される回路全体では,枝電圧ベクトル $\bm{e}$,枝電圧源ベクトル $\bm{e}_\mathrm{s}$,枝電流ベクトル $\bm{i}$,抵抗行列 R として次式が成り立つ.

$$\bm{e} = \bm{e}_\mathrm{s} - R\bm{i} \tag{2.40}$$

$$\bm{e} = \begin{bmatrix} e_1 \\ e_2 \\ \vdots \end{bmatrix}, \quad \bm{e}_\mathrm{s} = \begin{bmatrix} e_{\mathrm{s}1} \\ e_{\mathrm{s}2} \\ \vdots \end{bmatrix}, \quad \bm{i} = \begin{bmatrix} i_1 \\ i_2 \\ \vdots \end{bmatrix}$$

$$R = \begin{bmatrix} r_1 & & & & 0 \\ & r_2 & & & \\ & & \ddots & & \\ & & & r_k & \\ 0 & & & & \ddots \end{bmatrix} \tag{2.41}$$

また,電流源とコンダクタが並列に接続された図 2.16(b) の回路要素について,枝電流を i_k,電流源を $i_{\mathrm{s}k}$,枝電圧を e_k,コンダクタンスを g_k とすると,

2.6 回路方程式の一般表現

$$i_k = i_{sk} - g_k e_k \tag{2.42}$$

の関係が成り立ち,回路全体では,枝電流ベクトル i,枝電流源ベクトル i_s,枝電圧ベクトル e,コンダクタンス行列 G として次式が成り立つ.

$$i = i_s - Ge \tag{2.43}$$

$$e = \begin{bmatrix} e_1 \\ e_2 \\ \vdots \end{bmatrix},\quad i_s = \begin{bmatrix} i_{s1} \\ i_{s2} \\ \vdots \end{bmatrix},\quad i = \begin{bmatrix} i_1 \\ i_2 \\ \vdots \end{bmatrix}$$

$$G = \begin{bmatrix} g_1 & & & & 0 \\ & g_2 & & & \\ & & \ddots & & \\ & & & g_k & \\ 0 & & & & \ddots \end{bmatrix} \tag{2.44}$$

式 (2.40) の左から $G = R^{-1}$ をかけると,

$$Ge = Ge_s - i \tag{2.45}$$

であり,$i = Ge_s - Ge$ と変形して,$i_s = Ge_s$ とすると,

$$i = i_s - Ge \tag{2.46}$$

となり,式 (2.43) と一致する.つまり,図 2.14(a) の回路要素で構成される回路と図 2.14(b) の回路要素で構成される回路は,$i_s = Ge_s$,$G = R^{-1}$ が満たされれば等価である.

2.6.2 閉路方程式

電圧源を有する枝に対して次の式が成立する.
$$e = e_s - Ri \tag{2.47}$$
キルヒホッフの第二法則は $Be = 0$ であるので,式 (2.47) の左から B をかけると,
$$Be = Be_s - BRi = 0 \tag{2.48}$$
また,$i = B^T j$ であるので,閉路電流 j についての方程式
$$BRB^T j = Be_s \tag{2.49}$$
が得られる.すなわち,式 (2.49) が**閉路方程式**の一般表現である.

2.6.3 節点方程式

電流源を有する枝に対して次の式が成立する.
$$i = i_s - Ge \tag{2.50}$$
キルヒホッフの第一法則は $Ai = 0$ であるので,式 (2.50) の左から A をかけると,
$$Ai = Ai_s - AGe = 0 \tag{2.51}$$
また,$e = A^T v$ であるので,節点電位 v についての方程式
$$AGA^T v = Ai_s \tag{2.52}$$
が得られる.すなわち,式 (2.52) が**節点方程式**の一般表限である.

2章の問題

☐ **1** （**閉路方程式**）　図に示すような四角錐状の回路がある．各辺は $5\,\Omega$ の抵抗であり，1つの辺に電圧源 $10\,\mathrm{V}$ が抵抗に直列に挿入されている．図に示す辺に流れる電流 I_1 を求めよ．

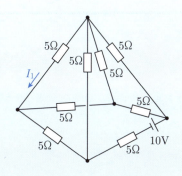

☐ **2** （**節点方程式**）　問題1において，電圧源を電流源 $1\,\mathrm{A}$ に置き換えて節点方程式を作り，各節点の電圧を求めよ．

☐ **3** （**電圧源と電流源を含む回路**）　図のように電圧源と電流源を含む回路について，適当に閉路電流や節点電圧を定義して，閉路方程式および節点方程式を作成せよ．

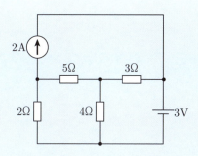

□4 (**電圧源と電流源の等価性**) 図の回路は,図 2.12 の電圧源あるいは電流源の回路で表すことができる.i_0, v_0, R_0 を求めよ.

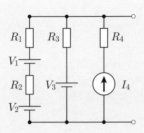

□5 (**回路方程式の一般表現**) 問題 3 の回路に適当に枝と節点の番号をつけて,次の問に答えよ.
(a) 接続行列 A と閉路行列 B を求めよ.
(b) $Ai = 0$ および $Be = 0$ がそれぞれキルヒホッフの第一法則,第二法則に一致することを確かめよ.ここで i は枝電流ベクトル,e は枝電圧ベクトルである.
(c) $BRB^T j = Be_S$ と $AGA^T v = Ai_S$ がそれぞれ問題 3 で求めた閉路方程式と節点方式に一致することを示せ.ここで,R は抵抗行列,G はコンダクタンス行列,j は閉路電流ベクトル,v は節点電位ベクトル,e_S は枝電圧源ベクトル,i_S は枝電流源ベクトルである.

3 回路の諸定理

　電気回路で成立するいくつかの重要な定理について説明する．重ね合わせの定理は線形電気回路で成立する基本的な定理である．多数の電源を含む回路に負荷を接続したときに，その回路を電圧源あるいは電流源とインピーダンスに変換して，負荷電圧や負荷電流を求める鳳–テブナンの定理およびノートンの定理も重要な定理である．さらに，補償の定理と相反の定理，および Δ 回路と Y 回路の間の変換について説明する．

3章で学ぶ概念・キーワード
- 重ね合わせの定理
- 鳳–テブナンの定理
- ノートンの定理
- 補償の定理
- 相反の定理
- Δ 回路，Y 回路

3.1 重ね合わせの定理

線形の電気回路では，A_1 という電源配置に対する状態が B_1 になり，A_2 という電源配置に対する状態が B_2 になるとき，c_1 と c_2 を定数として，電源配置 $c_1 A_1 + c_2 A_2$ に対する状態は $c_1 B_1 + c_2 B_2$ になる．一般に線形なシステムでは，原因 y と結果 x の間に，$Cx = y$ の関係がある．原因 y_1 に対する結果が x_1，つまり $Cx_1 = y_1$ で，原因 y_2 に対する結果が x_2，つまり $Cx_2 = y_2$ であるとき，原因 $c_1 y_1 + c_2 y_2$ に対する結果は $c_1 x_1 + c_2 x_2$ である（図 3.1）．この関係を**重ね合わせの定理**といい，重ね合わせの定理が成立する系を**線形系**という．

もう一度，線形な素子から成る電気回路について考えると，回路中の電源が $v_1, v_2, \ldots$ のときの電流を $i_1, i_2, \ldots$，電源が $v'_1, v'_2, \ldots$ のときの電流を $i'_1, i'_2, \ldots$ とすると，電源が $cv_1 + c'v'_1, cv_2 + c'v'_2, \ldots$ のときの電流は，$ci_1 + c'i'_1, ci_2 + c'i'_2, \ldots$ であり，重ね合わせの定理が成り立つ．電源は電圧源だけでなく，電流源もあってもよい．

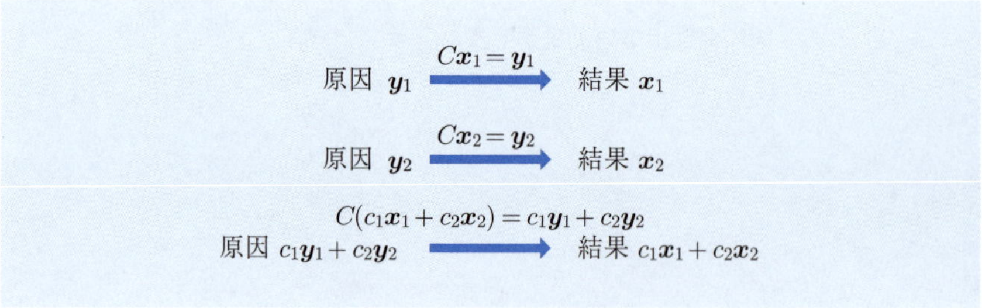

$$\text{原因 } y_1 \xrightarrow{Cx_1 = y_1} \text{結果 } x_1$$

$$\text{原因 } y_2 \xrightarrow{Cx_2 = y_2} \text{結果 } x_2$$

$$\text{原因 } c_1 y_1 + c_2 y_2 \xrightarrow{C(c_1 x_1 + c_2 x_2) = c_1 y_1 + c_2 y_2} \text{結果 } c_1 x_1 + c_2 x_2$$

図 3.1　重ね合わせの定理

例題 3.1　重ね合わせの定理

図 3.2 の回路において，$v_1 = 1\,[\mathrm{V}]$, $v_2 = 2\,[\mathrm{V}]$ のとき $i_3 = 2\,[\mathrm{A}]$ であり，$v_1 = 2\,[\mathrm{V}]$, $v_2 = -1\,[\mathrm{V}]$ のとき $i_3 = -1\,[\mathrm{A}]$ であった．$v_1 = -1\,[\mathrm{V}]$, $v_2 = 1\,[\mathrm{V}]$ のときの i_3 を求めよ．

図 3.2

【解答】 第 1 の条件と第 2 の条件の重ね合わせで，求めるべき条件が得られているとすると，次の式が成り立つ．

$$c_1 \begin{bmatrix} 1 \\ 2 \end{bmatrix} + c_2 \begin{bmatrix} 2 \\ -1 \end{bmatrix} = \begin{bmatrix} -1 \\ 1 \end{bmatrix} \tag{3.1}$$

これを解くと，$c_1 = 0.2$, $c_2 = -0.6$ が得られる．したがって，求めるべき i_3 は，

$$i_3 = c_1 \times 2 + c_2 \times (-1) = 0.2 \times 2 + (-0.6) \times (-1) = 1\,[\mathrm{A}]$$

となる． ■

例題 3.2　重ね合わせの定理を利用した回路の解き方

図 3.3 の回路において，R_2 に流れる電流 I_2 を求めよ．

図 3.3

【解答】 最初に，キルヒホッフの法則に基づいて求めてみる．

キルヒホッフの第一法則（電流則）より，節点に流れ込む電流の和はゼロでなければならないので，

$$I_1 - I_2 - I_3 + I = 0 \tag{3.2}$$

である．また，閉路方程式に基づいて，

$$V - R_1 I_1 - R_2 I_2 = 0 \tag{3.3}$$

$$R_2 I_2 = R_3 I_3 \tag{3.4}$$

である．したがって，これらを連立して求めればよい．行列を用いて表すと次式になる．

$$\begin{bmatrix} 1 & -1 & -1 \\ R_1 & R_2 & 0 \\ 0 & R_2 & -R_3 \end{bmatrix} \begin{bmatrix} I_1 \\ I_2 \\ I_3 \end{bmatrix} = \begin{bmatrix} -I \\ V \\ 0 \end{bmatrix} \tag{3.5}$$

したがって，I_2 は次のように求められる．

$$I_2 = \frac{\begin{vmatrix} 1 & -I & -1 \\ R_1 & V & 0 \\ 0 & 0 & -R_3 \end{vmatrix}}{\begin{vmatrix} 1 & -1 & -1 \\ R_1 & R_2 & 0 \\ 0 & R_2 & -R_3 \end{vmatrix}}$$

$$= \frac{(V + IR_1)R_3}{R_1 R_2 + R_2 R_3 + R_3 R_1} \tag{3.6}$$

【別解】 一方，重ね合わせの定理を利用すると以下のように解くことができる．

図 3.3 の回路では，電圧源 V と電流源 I があるので，電圧源 V のみがある場合と電流源 I のみがある場合の 2 つの回路を考え，それぞれで求められた I_2 を足し合わせることによって，最初の回路の I_2 を求めることができる．ここで，電源を電圧源 V のみとするということは，電流源 I を開放して回路から除去することであり，電源を電流源 I のみにするということは，電圧源 V の両端で回路を短絡して，電圧源自身は除去することである．つまり図 3.4(a) と (b) の回路から I_2 を求めればよい．

3.1 重ね合わせの定理

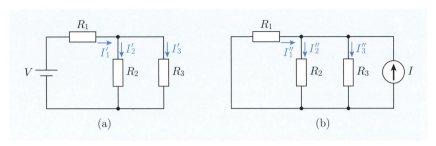

図 3.4

図 3.4(a) において,

$$I_1' = \frac{V}{R_1 + \frac{R_2 R_3}{R_2 + R_3}} \tag{3.7}$$

であるので, I_2' は

$$\begin{aligned} I_2' &= \frac{V}{R_1 + \frac{R_2 R_3}{R_2 + R_3}} \frac{R_3}{R_2 + R_3} \\ &= \frac{V R_3}{R_1 R_2 + R_2 R_3 + R_3 R_1} \end{aligned} \tag{3.8}$$

となる. 次に, 図 3.4(b) において I_2'' は,

$$\begin{aligned} I_2'' &= I \frac{\frac{R_1 R_3}{R_1 + R_3}}{R_2 + \frac{R_1 R_3}{R_1 + R_3}} \\ &= \frac{I R_1 R_3}{R_1 R_2 + R_2 R_3 + R_3 R_1} \end{aligned} \tag{3.9}$$

となる. したがって, もとの回路における I_2 は $I_2 = I_2' + I_2''$ より,

$$I_2 = \frac{(V + I R_1) R_3}{R_1 R_2 + R_2 R_3 + R_3 R_1} \tag{3.10}$$

である. これは先ほど求めた式 (3.6) と同じである. ■

3.2 鳳–テブナンの定理とノートンの定理

鳳–テブナンの定理と**ノートンの定理**は**等価電源の定理**とも呼ばれる．鳳–テブナンの定理では等価電源を電圧源として表現し，ノートンの定理では等価電源を電流源として表現する．両定理は双対な関係にある．

図 3.5 の回路で，R_2 に流れる電流 I_2 は通常，次のように求められる．

$$I_2 = \frac{V}{R_1 + \frac{R_2 R_3}{R_2 + R_3}} \frac{R_3}{R_2 + R_3} \tag{3.11}$$

ここで，

$$V_0 = V \frac{R_3}{R_1 + R_3} \tag{3.12}$$

$$R_0 = \frac{R_1 R_3}{R_1 + R_3} \tag{3.13}$$

とおくと，

$$I_2 = \frac{V_0}{R_2 + R_0} \tag{3.14}$$

となる．

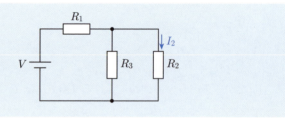

図 3.5

V_0 は，R_2 を除去したときのその開放された端子間の電圧，つまり**開放電圧**であり，R_0 は，R_2 を除去したときに，残った回路部分の電源を除去（電圧源 V を短絡）したときの開放された端子からみた抵抗である．そして，内部抵抗が R_0 の電圧源 V_0 に抵抗 R_2 が接続されたときの電流から I_2 は求められる．

これは一般的には次のように考えらえる．図 3.6(a) の回路は同図 (b) と (c) の回路の重ね合わせである．これは次のように説明できる．V_0 は開放電圧であり，図 3.6(b) の回路が図 3.6(d) の回路と等価であることは，抵抗 R に電流が

流れないことからわかる．図 3.6(c) の四角の中の回路は電源を除去した回路である．図 3.6(d) と図 3.6(c) を重ね合わせると図 3.6(a) になることは図から明らかである．その結果，求めたい回路（図 3.6(a)）の抵抗 R に流れる電流は，図 3.6(c) の R に流れる電流と同じである．図 3.6(c) の回路（図 3.7(a) の回路）は，抵抗 R を除去したときの開放電圧 V_0 と，その端子からみた回路の等価抵抗 R_0 に，R を直列につないだ回路に流れる電流であり，

$$I = \frac{V_0}{R + R_0} \tag{3.15}$$

となって，図 3.7(c) と同じである．

このように図 3.6(a) の四角の中の回路を 2 つの端子からみると，図 3.7(c) のように，開放電圧 V_0 と端子からみた回路の等価抵抗 R_0 で表される．これを**鳳–テブナンの定理**と呼ぶ．

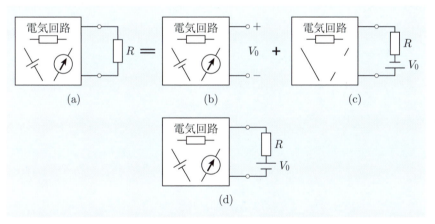

図 3.6　鳳–テブナンの定理

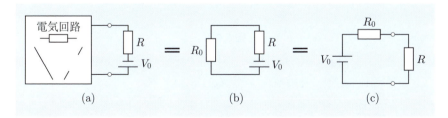

図 3.7

例題 3.3 鳳–テブナンの定理 (1)

図 3.8 の回路で，端子 ab に抵抗を接続して取り出し得る最大電力（有能電力）を求めよ．

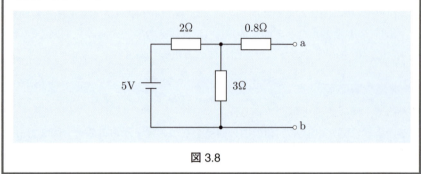

図 3.8

【解答】 図 3.8 の回路について，端子 ab からみた開放電圧 V_0 と等価抵抗 R_0 は，

$$V_0 = 5 \times \frac{3}{2+3} = 3 \,[\text{V}] \tag{3.16}$$

$$R_0 = 0.8 + \frac{2 \times 3}{2+3} = 2 \,[\Omega] \tag{3.17}$$

である（図 3.9）．

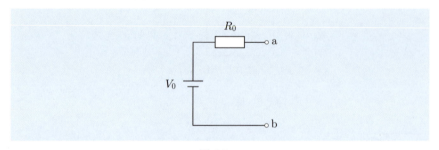

図 3.9

したがって，端子 ab に R_0 に等しい抵抗を接続したときが最大電力となり（1.5 節例題 1.8 参照），その電力（有能電力）は，

$$P = \frac{V_0^2}{4R_0} = \frac{9}{8} \,[\text{W}] \tag{3.18}$$

である．

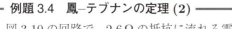

例題 3.4　鳳–テブナンの定理 (2)

図 3.10 の回路で，$2.6\,\Omega$ の抵抗に流れる電流 I を求めよ．

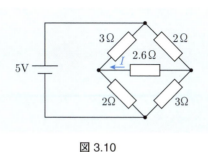

図 3.10

【解答】　鳳–テブナンの定理を用いて，回路を書き換える．$2.6\,\Omega$ の抵抗を除去したときの開放電圧 V_0 は，

$$V_0 = 5 \times \frac{3}{3+2} - 5 \times \frac{2}{3+2} = 1\,[\text{V}] \tag{3.19}$$

であり，等価抵抗 R_0 は，

$$R_0 = 2 \times \frac{2 \times 3}{2+3} = 2.4\,[\Omega] \tag{3.20}$$

である．したがって，回路は図 3.11 のように書き直すことができ，流れる電流 I は，

$$I = \frac{V_0}{R_0 + 2.6} = \frac{1}{2.4 + 2.6} = 0.2\,[\text{A}] \tag{3.21}$$

となる．■

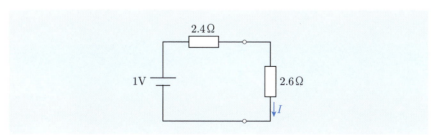

図 3.11

ノートンの定理は,等価電源を電流源として表現する.図 3.12(a) の回路は,その端子を短絡したときの短絡電流を I_0,端子からみた等価コンダクタンスを G_0 とすると,図 3.12(b) の等価回路で表される.この電流源とコンダクタンスで表現された回路は,

$$R_0 = \frac{1}{G_0} \tag{3.22}$$

$$V_0 = \frac{I_0}{G_0} \tag{3.23}$$

の関係を使って,電圧源と等価抵抗の回路に書き直すことが可能である(図 3.12(c)).

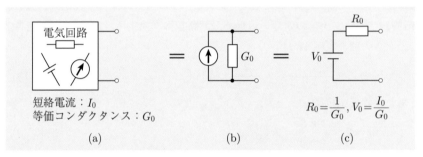

図 3.12 ノートンの定理

鳳–テブナンの定理とノートンの定理は,開放と短絡,電圧と電流,直列と並列,抵抗とコンダクタンスとをそれぞれ入れ替えた双対な関係にある.

理想的な電圧源は等価抵抗がゼロであり,理想的な電流源は等価コンダクタンスがゼロ(または抵抗が無限大)である.現実の電源には必ず内部インピーダンスがある.

3.3 補償の定理

図 3.13(a) に示す回路において,端子 ab 間を短絡したときの電流が I_0 であった. 端子間に抵抗 R を接続したとき,そこに流れる電流を求めたい. 抵抗 R が接続された図 3.13(c) の回路は,同図 (a) と (b) の回路の重ね合わせであることをまず示してみよう. まず,(a) の回路が (d) と等価であることは容易にわかるであろう. そして,(d) と (b) の重ね合わせは,(c) になることも理解できよう. 結局,(c) の回路は,(a) と (b) の回路の重ね合わせであることになり,(c) の回路で抵抗 R が接続された端子 ab 間に流れる電流の変化分は,(b) の回路で抵抗 R に流れる電流に等しい.

このように回路の端子 ab 間の短絡電流が I_0 であるとき,ab 間に抵抗 R が挿入されることによって生じる回路中の電流や電圧の変化分は,回路中の電源を除去し,R と直列に,I_0 が R に流れたときに ab 間に現れる電圧を打ち消す電圧源 RI_0 を加えたときの電圧や電流に等しい. これを**補償の定理**という.

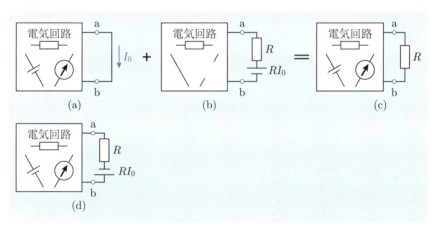

図 3.13 補償の定理

例題 3.5　補償の定理

図 3.14 の回路において，抵抗 R_3 に流れる電流を求めよ．また，この回路が図 3.4(a) の R_3 を $R_3 + R_4$ に置き換えた回路であることから，補償の定理が成り立っていることを確かめよ．

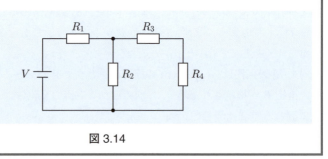

図 3.14

【解答】 鳳–テブナンの定理を適用すると，

$$開放電圧：V_0 = \frac{R_2}{R_1 + R_2} V \tag{3.24}$$

$$内部抵抗（等価抵抗）：R_0 = \frac{R_1 R_2}{R_1 + R_2} \tag{3.25}$$

の電圧源に抵抗 R_3 と R_4 が直列に接続されていることになるので，R_3 に流れる電流 I_3 は，

$$\begin{aligned} I_3 &= \frac{V_0}{R_0 + R_3 + R_4} \\ &= \frac{V R_2}{R_1 R_2 + (R_1 + R_2)(R_3 + R_4)} \end{aligned} \tag{3.26}$$

となる．

次に，図 3.14 の回路で $R_4 = 0$ とした図 3.15(a)（図 3.4(a) と同じ）において，R_3 に流れる電流は，次式のようになる．

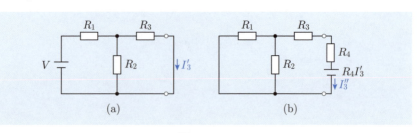

図 3.15

$$I_3' = \frac{R_2}{R_2+R_3}\frac{V}{R_1+\frac{R_2R_3}{R_2+R_3}} = \frac{VR_2}{R_1R_2+R_2R_3+R_3R_1} \tag{3.27}$$

また，図 3.15(b) に示すように，電圧源 V を除去し，抵抗 R_4 と直列に電圧源 R_4I_3' を図の向きに挿入した回路において，R_3 に流れる電流は，

$$I_3'' = \frac{-R_4I_3'}{R_3+R_4+\frac{R_1R_2}{R_1+R_2}} \tag{3.28}$$

である．ただし，電流の向きを考えて負号をつけた．これらの式から

$$I_3'' = I_3 - I_3' \tag{3.29}$$

が成立することがわかり，図 3.15(b) の回路は，図 3.15(a) の回路と図 3.14 の回路の変化分を与えることになる．

補償の定理についても**双対性**が成り立つ．図 3.13(c) の回路で抵抗 R が接続された端子 ab 間に流れる電流の変化分は，同図 (b) の回路で抵抗 R に流れる電流に等しかった．それに対し，図 3.16(a) のように回路の端子 ab 間に開放電圧 V_0 が現れているとき，端子 ab 間にコンダクタンス G を接続することによって生じる回路中の電流や電圧の変化分は，回路中の電源を除去し，図 3.16(b) のように G と並列に電流源 GV_0 を加えたときの電流や電圧に等しい．

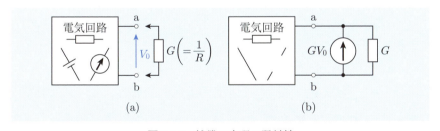

図 3.16　補償の定理の双対性

3.4 相反の定理

回路方程式の係数行列は一般に対称であり，回路の接続行列を A，閉路行列を B とすると，閉路方程式の係数行列は BRB^T，節点方程式の係数行列は AGA^T と表すことができる（2.6 節参照）．ここで R は抵抗行列，G はコンダクタンス行列である．つまり，閉路電流ベクトルを j，電圧源ベクトルを e_s，節点電圧ベクトルを v，電流源ベクトルを i_s とすると，

$$\text{閉路方程式：} BRB^T j = Be_s \tag{3.30}$$

$$\text{節点方程式：} AGA^T v = Ai_s \tag{3.31}$$

となる．

節点への注入電流ベクトルを a ($= Ai_s$) とし，それが a_1 のときの節点電位を v_1，a_2 のときの節点電位を v_2 とすると，

$$a_1^T v_2 = a_2^T v_1 \tag{3.32}$$

が成立する．これは次のように導くことができる．条件より，

$$AGA^T v_1 = a_1 \tag{3.33}$$

$$AGA^T v_2 = a_2 \tag{3.34}$$

である．$a_1^T v_2$ も対称であるので

$$a_1^T v_2 = (a_1^T v_2)^T \tag{3.35}$$

であり，

$$a_1^T v_2 = (a_1^T v_2)^T = v_2^T a_1 = v_2^T AGA^T v_1$$
$$= v_2^T (AGA^T)^T v_1 = (AGA^T v_2)^T v_1 = a_2^T v_1 \tag{3.36}$$

となるので，$a_1^T v_2 = a_2^T v_1$ であることが導出できた．これは図 3.17 のように，端子 1 に電流源 I_0 が接続されているとき，端子 2 の電位が V であったとき，端子 2 に電流源 I_0 を接続すると，端子 1 の電位が V であることを表している．これを**相反の定理**という．

上の例と同様に，閉路電圧ベクトルを b ($= Be_s$) とし，それが b_1 のときの閉路電流を j_1，b_2 のときの閉路電流を j_2 とすると，

$$b_1^T j_2 = b_2^T j_1 \tag{3.37}$$

が成立する（図 3.18）．

3.4 相反の定理

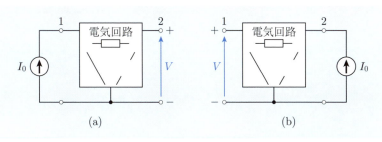

図 3.17

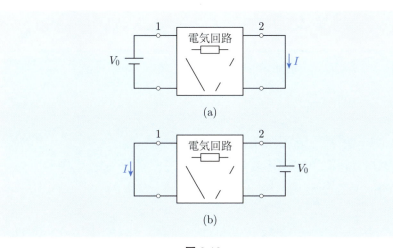

図 3.18

一般的には，場所 1 に原因 A を与えて場所 2 に結果 B が得られたとき，場所 2 に原因 A を与えると場所 1 に結果 B が得られる．ただし，気を付けなければならないのが，原因が電圧の場合，結果は電流でなければならず，また原因が電流の場合，結果は電圧でなければならない．

例題 3.6　相反の定理

図 3.19 の 2 つの回路において，電流 I_2 と I_1 を求めよ．

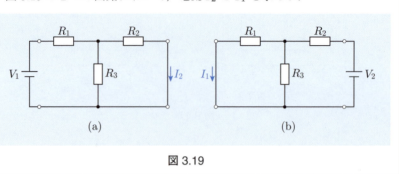

図 3.19

【解答】　図 3.19(a) の回路の中の電流 I_2 は，

$$I_2 = \frac{R_3}{R_2 + R_3} \frac{V_1}{R_1 + \frac{R_2 R_3}{R_2 + R_3}}$$
$$= \frac{V_1 R_3}{R_1 R_2 + R_2 R_3 + R_3 R_1} \tag{3.38}$$

図 3.19(b) の回路の中の電流 I_1 は，

$$I_1 = \frac{R_3}{R_1 + R_3} \frac{V_2}{R_2 + \frac{R_1 R_3}{R_1 + R_3}}$$
$$= \frac{V_2 R_3}{R_1 R_2 + R_2 R_3 + R_3 R_1} \tag{3.39}$$

したがって，

$$\frac{V_1}{I_2} = \frac{V_2}{I_1} \tag{3.40}$$

となり，相反の定理が成立している．

3.5 Δ–Y 変換

図 3.20(a) に示す **Δ 回路** と図 3.20(b) に示す **Y 回路** は，3 端子回路であり，両者が等価であるために必要な相互の変換式は次の通りである．

回路 (a)：

$$R_{12} = \frac{R_1 R_2 + R_2 R_3 + R_3 R_1}{R_3} \tag{3.41}$$

$$R_{23} = \frac{R_1 R_2 + R_2 R_3 + R_3 R_1}{R_1} \tag{3.42}$$

$$R_{31} = \frac{R_1 R_2 + R_2 R_3 + R_3 R_1}{R_2} \tag{3.43}$$

回路 (b)：

$$R_1 = \frac{R_{12} R_{31}}{R_{12} + R_{23} + R_{31}} \tag{3.44}$$

$$R_2 = \frac{R_{23} R_{12}}{R_{12} + R_{23} + R_{31}} \tag{3.45}$$

$$R_3 = \frac{R_{31} R_{23}}{R_{12} + R_{23} + R_{31}} \tag{3.46}$$

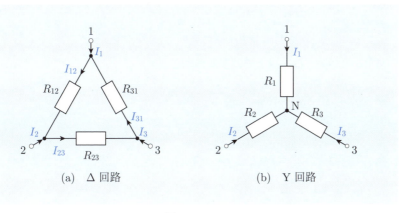

(a) Δ 回路　　　(b) Y 回路

図 3.20

例題 3.7　コンダクタンスの Δ–Y 変換

図 3.19 の 2 つの回路が，端子からみて全く等価であるために必要なコンダクタンスの間の関係式を導出せよ．

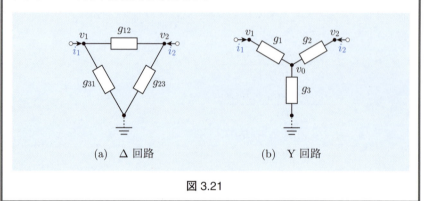

図 3.21

【解答】　回路 (a) と回路 (b) の節点方程式は次の通りである．

$$回路 (a)：(g_{12} + g_{31})v_1 - g_{12}v_2 = i_1 \tag{3.47}$$

$$-g_{12}v_1 + (g_{12} + g_{23})v_2 = i_2 \tag{3.48}$$

$$回路 (b)：g_1 v_1 - g_1 v_0 = i_1 \tag{3.49}$$

$$g_2 v_2 - g_2 v_0 = i_2 \tag{3.50}$$

$$(g_1 + g_2 + g_3)v_0 - g_1 v_1 - g_2 v_2 = 0 \tag{3.51}$$

回路 (b) については，以下のように書ける．

$$\frac{g_1 g_2 + g_3 g_1}{g_1 + g_2 + g_3} v_1 - \frac{g_1 g_2}{g_1 + g_2 + g_3} v_2 = i_1 \tag{3.52}$$

$$-\frac{g_1 g_2}{g_1 + g_2 + g_3} v_1 + \frac{g_1 g_2 + g_2 g_3}{g_1 + g_2 + g_3} v_2 = i_2 \tag{3.53}$$

回路 (a) と回路 (b) が等価であるためには，次式が成立することが必要である．

$$g_{12} = \frac{g_1 g_2}{g_1 + g_2 + g_3} \tag{3.54}$$

$$g_{23} = \frac{g_2 g_3}{g_1 + g_2 + g_3} \tag{3.55}$$

$$g_{31} = \frac{g_3 g_1}{g_1 + g_2 + g_3} \tag{3.56}$$

抵抗を使って書くと先ほどの式と同じく，

$$r_{12} = \frac{r_1 r_2 + r_2 r_3 + r_3 r_1}{r_3} \tag{3.57}$$

$$r_{23} = \frac{r_1 r_2 + r_2 r_3 + r_3 r_1}{r_1} \tag{3.58}$$

$$r_{31} = \frac{r_1 r_2 + r_2 r_3 + r_3 r_1}{r_2} \tag{3.59}$$

となる． ∎

3章の問題

1 （**重ね合わせの定理**） 図の回路において，抵抗 R_4 に流れる電流 I_4 を，重ね合わせの定理を用いて求めよ．

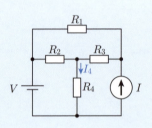

2 （**鳳–テブナンの定理**） 図の回路において，7Ω の抵抗に流れる電流 I を鳳–テブナンの定理を用いて求めよ．

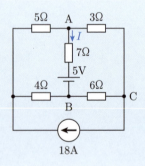

3 （**ノートンの定理**） 図の回路において，端子 AB からみた等価電源を電流源とコンダクタンスで表現せよ．

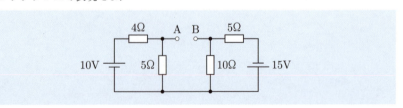

□4 (**補償の定理**) 図のブリッジ回路は平衡した状態にあり，電流計に電流が流れていない．抵抗 R_1 を R_5 に交換したとき，電流計に流れる電流 I を，補償の定理を用いて求めよ．電流計の内部抵抗は無視してよい．

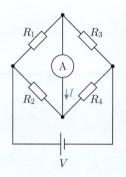

□5 (**相反の定理**) 図の回路において，$5\,\Omega$ の抵抗に流れる電流 I を求めよ．また，電圧源 $10\,\mathrm{V}$ と電流 I の位置を交換し，相反の定理が成り立っていることを確かめよ．

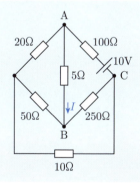

4 交流回路

　交流回路の基礎について説明する．交流回路で重要な回路要素であるインダクタンスとキャパシタンスについて説明した上で，インピーダンスとその逆数であるアドミタンスについて学ぶ．抵抗とインダクタンス，キャパシタンスから成る直列共振回路と並列共振回路の特徴について学び，共振特性を理解する．最後に正弦波交流電流・電圧から求められる電力について学ぶ．

> **4章で学ぶ概念・キーワード**
> - 自己インダクタンスと相互インダクタンス
> - キャパシタンス
> - インピーダンスとアドミタンス
> - RLC 直列共振と並列共振
> - Q 値
> - 交流ブリッジ回路
> - 正弦波の電力

4.1 交流回路とは

図 4.1 のように，負荷に正弦波交流電圧を印加すると，スイッチを閉にした後しばらくは過渡的な電流の変化がみられるが，十分に時間が経過した後は，線形回路である限り，回路に流れる電流も正弦波となる．このように周期的に同じ現象を繰り返している状態の解を**定常解**といい，交流回路では正弦波交流の定常解を求めることが主な目的になる．

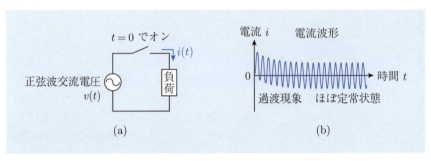

図 4.1 正弦波交流電圧を印加時の回路応答の例

交流電圧源の電圧 $v(t)$ を

$$v(t) = V_\mathrm{m} \sin(\omega t + \theta_v) \tag{4.1}$$

とする．ここで，V_m は**振幅**，ω は**角周波数**，θ_v は**位相角**である．回路に流れる電流の定常解は

$$i(t) = I_\mathrm{m} \sin(\omega t + \theta_i) \tag{4.2}$$

の形で得られる．I_m は電流の振幅，θ_i は電流の位相角である．

また，交流の**周期** T と**周波数** f は以下のように関係付けられる．

$$T = \frac{2\pi}{\omega} \tag{4.3}$$

$$f = \frac{1}{T} = \frac{\omega}{2\pi} \tag{4.4}$$

交流回路の定常解を求めるときには，一般に電圧，電流を複素数で表現して扱う．電圧 $v(t) = V_\mathrm{m} \sin(\omega t + \theta v)$ は，$\dot{V}_\mathrm{m} = V_\mathrm{m} e^{j\theta_v}$ とおくことによって，複素数表現で $\dot{V}_\mathrm{m} e^{j\omega t}$ となる．これは

4.1 交流回路とは

$$\dot{V}_\mathrm{m} e^{j\omega t} = V_\mathrm{m} e^{j\omega t} e^{j\theta v} = V_\mathrm{m} e^{j(\omega t + \theta_v)} \tag{4.5}$$

であるので，その実数部をとると

$$\mathrm{Re}(\dot{V}_\mathrm{m} e^{j\omega t}) = V_\mathrm{m} \cos(\omega t + \theta_v) \tag{4.6}$$

虚数部をとると

$$\mathrm{Im}(\dot{V}_\mathrm{m} e^{j\omega t}) = V_\mathrm{m} \sin(\omega t + \theta_v) \tag{4.7}$$

となる．電流についても同様で $\dot{I}_\mathrm{m} = I_\mathrm{m} e^{j\theta_i}$ とおくことによって $\dot{I}_\mathrm{m} e^{j\omega t}$ となる．線形回路では，角周波数 ω は共通であるので，$e^{j\omega t}$ を省略して表現しても問題無く，複素数表現の電圧は $\dot{V}_\mathrm{m} = V_\mathrm{m} e^{j\theta_v}$，電流は $\dot{I}_\mathrm{m} = I_\mathrm{m} e^{j\theta_i}$ とし，大きさと位相角のみで表現する．ただし，V_m や I_m を実効値として表現する場合，つまり

$$v(t) = \sqrt{2}\, V_\mathrm{m} \sin(\omega t + \theta v) \tag{4.8}$$

$$i(t) = \sqrt{2}\, I_\mathrm{m} \sin(\omega t + \theta_i) \tag{4.9}$$

とする場合もあるので注意が必要である．

電圧と電流の比は

$$\frac{\dot{V}_\mathrm{m} e^{j\omega t}}{\dot{I}_\mathrm{m} e^{j\omega t}} = \frac{\dot{V}_\mathrm{m}}{\dot{I}_\mathrm{m}} = \frac{V_\mathrm{m} e^{j\theta_v}}{I_\mathrm{m} e^{j\theta_i}}$$

$$= \frac{V_\mathrm{m}}{I_\mathrm{m}} e^{j(\theta_v - \theta_i)} \tag{4.10}$$

となり，振幅の比 $\left(\frac{V_\mathrm{m}}{I_\mathrm{m}}\right)$ と位相角の差 $(\theta_v - \theta_i)$ で表現される．$\frac{\dot{V}_\mathrm{m}}{\dot{I}_\mathrm{m}}$ は定数（複素定数）である．

4.2 回路素子

交流回路中の線形受動回路素子として，抵抗，インダクタンス，キャパシタンス，相互インダクタンスなどがある．

(1) 抵抗 $R\,[\Omega]$

抵抗器は 1.2 節で述べたように，また，表 4.1(a) に示すように，それに流れる電流 i_R とその両端の電圧 v_R の間には時間 t によらず比例関係があり，比例定数が一定値 R（単位は Ω）となる素子である．**抵抗** R に交流電圧 $v_R(t) = V_\mathrm{m}\sin(\omega t + \theta_v)$ がかかっているとき，電流は

$$i_R(t) = \frac{V_\mathrm{m}}{R}\sin(\omega t + \theta_v) \tag{4.11}$$

である．複素表現した抵抗を $\dot{Z}_R$ とすると

$$\dot{Z}_R = \frac{V_\mathrm{m} e^{j\theta_v}}{\frac{V_\mathrm{m}}{R} e^{j\theta_v}} = R \tag{4.12}$$

である．

表 4.1 抵抗，インダクタンス，キャパシタンスの複素表現

		回路	関係式	複素表現
(a)	抵抗 R	$i(t) \to R, v(t)$	$v(t) = Ri(t)$	$\dot{V} = R\dot{I}$ $\dot{Z}_R = R$
(b)	インダクタンス L	$i(t) \to L, v(t)$	$v(t) = L\dfrac{di(t)}{dt}$	$\dot{V} = j\omega L \dot{I}$ $\dot{Z}_L = j\omega L$
(c)	キャパシタンス C	$i(t) \to C, v(t)$	$i(t) = C\dfrac{dv(t)}{dt}$	$\dot{I} = j\omega C \dot{V}$ $\dot{Z}_C = \dfrac{1}{j\omega C}$

4.2 回路素子 77

(2) **インダクタンス** L [H]

コイルの鎖交磁束 ϕ はそれに流れる電流 i_L に比例し，$\phi = Li_L$ となる．比例係数 L が**インダクタンス**（単位は H（ヘンリー））である．コイルはインダクタとも呼ばれる．表 4.1(b) に示すように，電流を $i_L(t) = I_\mathrm{m}\sin(\omega t + \theta_i)$ とすると，このインダクタの両端の電圧 $v_L(t)$ は

$$\begin{aligned} v_L &= \frac{d\phi}{dt} = L\frac{di_L}{dt} \\ &= \omega L I_\mathrm{m} \cos(\omega t + \theta_i) \\ &= \omega L I_\mathrm{m} \sin\left(\omega t + \theta_i + \frac{\pi}{2}\right) \end{aligned} \tag{4.13}$$

である．複素表現したインダクタンスを $\dot{Z}_L$ とすると

$$\dot{Z}_L = \frac{\omega L I_\mathrm{m} e^{j\left(\theta_i + \frac{\pi}{2}\right)}}{I_\mathrm{m} e^{j\theta_i}} = \omega L e^{j\frac{\pi}{2}} = j\omega L \tag{4.14}$$

である．

(3) **キャパシタンス** C [F]

コンデンサに蓄えられる電荷 Q はそれにかかる電圧 v_C に比例し，$Q = Cv_C$ となる．比例係数 C が**キャパシタンス**（単位は F（ファラッド））である．コンデンサはキャパシタとも呼ばれる．表 4.1(c) に示すように，電圧を $v_C(t) = V_\mathrm{m}\sin(\omega t + \theta_v)$ とすると，このキャパシタに流れる電流 $i_C(t)$ は

$$\begin{aligned} i_C &= \frac{dQ}{dt} = C\frac{dv_C}{dt} \\ &= \omega C V_\mathrm{m} \cos(\omega t + \theta_v) \\ &= \omega C V_\mathrm{m} \sin\left(\omega t + \theta_v + \frac{\pi}{2}\right) \end{aligned} \tag{4.15}$$

である．複素表現したキャパシタを $\dot{Z}_C$ とすると

$$\dot{Z}_C = \frac{V_\mathrm{m} e^{j\theta_v}}{\omega C V_\mathrm{m} e^{j\left(\theta_v + \frac{\pi}{2}\right)}} = \frac{1}{\omega C e^{j\frac{\pi}{2}}} = \frac{1}{j\omega C} \tag{4.16}$$

である．

(4) 相互インダクタンス M [H]

コイルが2つある場合，コイル1の電流 i_1 によってコイル1に鎖交する磁束を ϕ_{11}，コイル2に鎖交する磁束を ϕ_{21}，コイル2の電流 i_2 によってコイル1に鎖交する磁束を ϕ_{12}，コイル2に鎖交する磁束を ϕ_{22} とすると，コイル1に鎖交する全磁束 ϕ_1 とコイル2に鎖交する全磁束 ϕ_2 は，

$$\begin{cases} \phi_1 = \phi_{11} + \phi_{12} & (4.17) \\ \phi_2 = \phi_{21} + \phi_{22} & (4.18) \end{cases}$$

である．$M_{11}, M_{12}, M_{21}, M_{22}$ を比例定数として，

$$\phi_{11} = M_{11}i_1, \quad \phi_{12} = M_{12}i_2, \quad \phi_{21} = M_{21}i_1, \quad \phi_{22} = M_{22}i_2 \qquad (4.19)$$

であるので，

$$\begin{cases} \phi_1 = M_{11}i_1 + M_{12}i_2 & (4.20) \\ \phi_2 = M_{21}i_1 + M_{22}i_2 & (4.21) \end{cases}$$

である．M_{11} と M_{22} は**自己インダクタンス**であり，それらを L_1, L_2 に置き換え，また，M_{12} と M_{21} の間には可逆性があるので，$M_{12} = M_{21} = M$ とすると，この M を**相互インダクタンス**（単位は H（ヘンリー））という．この結果，

$$\begin{cases} \phi_1 = L_1 i_1 + M i_2 & (4.22) \\ \phi_2 = M i_1 + L_2 i_2 & (4.23) \end{cases}$$

コイル1とコイル2のそれぞれの電圧は

$$\begin{cases} v_1 = L_1 \dfrac{di_1}{dt} + M \dfrac{di_2}{dt} & (4.24) \\ v_2 = M \dfrac{di_1}{dt} + L_2 \dfrac{di_2}{dt} & (4.25) \end{cases}$$

である（図4.2）．

図4.2(b) 中のドット（•）は相互インダクタンスの極性を示す．図4.3(a) のように，2つのコイルに流れる電流が互いに磁束を強め合う場合，相互インダクタンス M は正（$M > 0$）であり，一方，図4.3(b) のように，2つのコイルに流れる電流が互いに磁束を弱め合う場合，相互インダクタンス M は負（$M < 0$）であり，図のようにドットを描く．

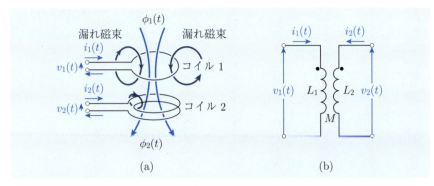

図 4.2　相互インダクタンス

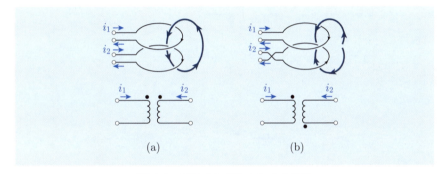

図 4.3　相互インダクタンスの極性

コイルが 3 個以上の場合は，以下のようになる．

$$\begin{cases} v_1 = L_1 \dfrac{di_1}{dt} + \cdots + M_{1j} \dfrac{di_j}{dt} + \cdots + M_{1n} \dfrac{di_n}{dt} \\ \vdots \\ v_i = M_{i1} \dfrac{di_1}{dt} + \cdots + M_{ij} \dfrac{di_j}{dt} + \cdots + M_{in} \dfrac{di_n}{dt} \\ \vdots \\ v_n = M_{n1} \dfrac{di_1}{dt} + \cdots + M_{nj} \dfrac{di_j}{dt} + \cdots + L_n \dfrac{di_n}{dt} \end{cases} \quad (4.26)$$

$L_1, \ldots, L_n$ は自己インダクタンス，M_{ij} $(i \neq j)$ は相互インダクタンスで，$M_{ij} = M_{ji}$ である．

4.3 インピーダンスとアドミタンス

4.3.1 インピーダンス

直流回路では，電圧 V と電流 I は比例し，その比 $\left(\frac{V}{I}\right)$ が抵抗 R であった．交流回路では，時々刻々の電圧 $v(t)$ と電流 $i(t)$ とは一般に比例しない．交流回路における電圧 $\dot{V}_\mathrm{m}$ と電流 $\dot{I}_\mathrm{m}$ の関係は，位相差 $(\theta_v - \theta_i)$ と大きさの比 $\left(\frac{V_\mathrm{m}}{I_\mathrm{m}}\right)$ の組で表せ，それが**インピーダンス**である．つまりインピーダンス $\dot{Z}$ は，

$$\dot{Z} = \frac{\dot{V}_\mathrm{m}}{\dot{I}_\mathrm{m}} = \frac{V_\mathrm{m}}{I_\mathrm{m}} e^{j(\theta_v - \theta_i)} \tag{4.27}$$

である．$\dot{Z} = |\dot{Z}| e^{j\angle \dot{Z}}$ のように表すと，$|\dot{Z}|$ が絶対値（大きさ），$\angle \dot{Z}$ が偏角になり，$|\dot{Z}|$ は電圧の大きさと電流の大きさとの比，$\angle \dot{Z}$ は電圧の位相角と電流の位相角との差に対応する．

ここで，図 4.4 のような抵抗 R，インダクタンス L，キャパシタンス C の直列接続を考えてみる．

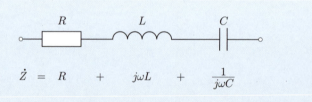

図 4.4 RLC の直列接続

インピーダンス $\dot{Z}$ は，次式で表される．

$$\dot{Z} = R + j\omega L - \frac{j}{\omega C} = R + j\left(\omega L - \frac{1}{\omega C}\right) = R + jX \tag{4.28}$$

ここで，R は**抵抗分**，X は**リアクタンス分**であり，

$$X = \omega L - \frac{1}{\omega C} \tag{4.29}$$

である．それぞれ以下のように表される．

$$\begin{cases} |\dot{Z}| = \sqrt{R^2 + X^2} & (4.30) \\ \angle \dot{Z} = \tan^{-1} \dfrac{X}{R} & (4.31) \end{cases}$$

4.3 インピーダンスとアドミタンス

$$\begin{cases} R = |\dot{Z}|\cos(\angle\dot{Z}) & (4.32) \\ X = |\dot{Z}|\sin(\angle\dot{Z}) & (4.33) \end{cases}$$

4.3.2 アドミタンス

インピーダンスの逆数を**アドミタンス**という．すなわちアドミタンス $\dot{Y}$ は

$$\dot{Y} = \frac{1}{\dot{Z}} \tag{4.34}$$

であり，

$$\begin{cases} \dot{Y} = |\dot{Y}|e^{j\angle\dot{Y}} & (4.35) \\ \dot{Y} = G + jB & (4.36) \end{cases}$$

のように表される．ここで，$|\dot{Y}|$ はアドミタンスの大きさ（絶対値），$\angle\dot{Y}$ は偏角，G は**コンダクタンス**分，B は**サセプタンス**分である．インピーダンス $\dot{Z}$ とアドミタンス $\dot{Y}$ との間は逆数の関係なので，それらの大きさと偏角の間には以下の関係がある．

$$\begin{cases} |\dot{Y}| = \dfrac{1}{|\dot{Z}|} & (4.37) \\ \angle\dot{Y} = -\angle\dot{Z} & (4.38) \end{cases}$$

次に，図 4.5 のようなコンダクタンス G，インダクタンス L，キャパシタンス C の並列接続を考えてみる．

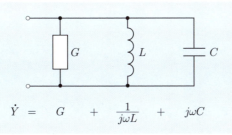

図 4.5 GLC の並列接続

インピーダンス $\dot{Y}$ は次式のように表される.

$$\dot{Y} = G + \frac{1}{j\omega L} + j\omega C = G + j\left(\omega C - \frac{1}{\omega L}\right) = G + jB \tag{4.39}$$

$$B = \omega C - \frac{1}{\omega L} \tag{4.40}$$

である. それぞれ以下のように表される.

$$\begin{cases} |\dot{Y}| = \sqrt{G^2 + B^2} & (4.41) \\ \angle \dot{Y} = \tan^{-1}\dfrac{B}{G} & (4.42) \end{cases}$$

アドミタンス $\dot{Y}$ を抵抗 R とリアクタンス X で表現すると,

$$\dot{Y} = \frac{1}{\dot{Z}} = \frac{1}{R + jX} = \frac{R}{R^2 + X^2} - j\frac{X}{R^2 + X^2} \tag{4.43}$$

である. したがって,

$$\begin{cases} G = \dfrac{R}{R^2 + X^2} & (4.44) \\ B = -\dfrac{X}{R^2 + X^2} & (4.45) \end{cases}$$

$$\begin{cases} R = \dfrac{G}{G^2 + B^2} & (4.46) \\ X = -\dfrac{B}{G^2 + B^2} & (4.47) \end{cases}$$

である.

4.4 交流回路の計算法

抵抗 R とインダクタンス L,キャパシタンス C から成る回路に**正弦波交流電源**が接続されているときの定常解を考える.特にエネルギー蓄積素子である L と C が両方とも回路に含まれている場合,両者の電流–電圧特性は位相が 180° 異なり,回路はある周波数で**共振現象**を示す.

以下では RLC **共振回路**を含む交流回路について,複素表示を使って解いてみる.

4.4.1 RLC 直列共振回路

抵抗 R とインダクタンス L,キャパシタンス C が全て直列に接続された,図 4.4 に示す RLC **直列回路**について考えてみる.この回路の合成インピーダンス $\dot{Z}$ は,角周波数を ω として,

$$\dot{Z} = R + j\omega L + \frac{1}{j\omega C} = R + j\left(\omega L - \frac{1}{\omega C}\right) \tag{4.48}$$

であり,その大きさと偏角は,

$$|\dot{Z}| = \sqrt{R^2 + \left(\omega L - \frac{1}{\omega C}\right)^2} \tag{4.49}$$

$$\angle \dot{Z} = \tan^{-1} \frac{\omega L - \frac{1}{\omega C}}{R} \tag{4.50}$$

である.これに図 4.6 のように交流電圧源 $\dot{V}$ が接続されたときに回路に流れる電流 $\dot{I}$ は,

$$\begin{aligned}
\dot{I} &= \frac{\dot{V}}{\dot{Z}} = \frac{\dot{V}}{R + j\left(\omega L - \frac{1}{\omega C}\right)} \\
&= \frac{\{R - j\left(\omega L - \frac{1}{\omega C}\right)\}\dot{V}}{\{R + j\left(\omega L - \frac{1}{\omega C}\right)\}\{R - j\left(\omega L - \frac{1}{\omega C}\right)\}} \\
&= \frac{R - j\left(\omega L - \frac{1}{\omega C}\right)}{R^2 + \left(\omega L - \frac{1}{\omega C}\right)^2}\dot{V}
\end{aligned} \tag{4.51}$$

である.

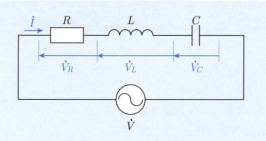

図 4.6 RLC 直列共振回路

また，R, L, C の両端の電圧はそれぞれ以下の通りである．

$$\dot{V}_R = R\dot{I} = \frac{R\dot{V}}{R + j\left(\omega L - \frac{1}{\omega C}\right)} \tag{4.52}$$

$$\dot{V}_L = j\omega L\dot{I} = \frac{j\omega L\dot{V}}{R + j\left(\omega L - \frac{1}{\omega C}\right)} \tag{4.53}$$

$$\dot{V}_C = \frac{\dot{I}}{j\omega C} = \frac{\dot{V}}{j\omega C\left\{R + j\left(\omega L - \frac{1}{\omega C}\right)\right\}}$$

$$= \frac{\dot{V}}{1 - \omega^2 LC + j\omega CR} \tag{4.54}$$

式 (4.51) で示される RLC 直列共振回路の電流は，以下のように表すことができる．

$$\dot{I} = \frac{\dot{V}}{R + j\left(\omega L - \frac{1}{\omega C}\right)} = \frac{\dot{V}}{R}\frac{1}{1 + jQ\left(\frac{\omega}{\omega_0} - \frac{\omega_0}{\omega}\right)} \tag{4.55}$$

ここで，Q と ω_0 は，

$$Q = \frac{\omega_0 L}{R} \tag{4.56}$$

$$\omega_0 = \frac{1}{\sqrt{LC}} \tag{4.57}$$

で定義され，Q を **Q 値**，ω_0 を **共振角周波数** という．$\omega = \omega_0$ のとき，RLC 直列回路の合成インピーダンス $\dot{Z}$ は抵抗 R に等しく，実数になる．

また，この回路の電流の大きさは，

$$|\dot{I}| = \frac{|\dot{V}|}{R} \left\{ 1 + Q^2 \left(\frac{\omega}{\omega_0} - \frac{\omega_0}{\omega} \right)^2 \right\}^{-\frac{1}{2}} \tag{4.58}$$

である．**共振条件** $(\omega = \omega_0)$ では $|\dot{I}| = \frac{|\dot{V}|}{R}$ であり，これを I_0 とすると，$|\dot{I}| = \frac{I_0}{\sqrt{2}}$ を与える条件は，

$$Q \left(\frac{\omega}{\omega_0} - \frac{\omega_0}{\omega} \right) = \pm 1 \tag{4.59}$$

である．右辺が -1 となる ω を ω_1，右辺が $+1$ となる ω を ω_2，すなわち，

$$\begin{cases} Q \left(\dfrac{\omega_1}{\omega_0} - \dfrac{\omega_0}{\omega_1} \right) = -1 & (4.60) \\ Q \left(\dfrac{\omega_2}{\omega_0} - \dfrac{\omega_0}{\omega_2} \right) = +1 & (4.61) \end{cases}$$

とすると，

$$Q = \frac{\omega_0}{|\omega_1 - \omega_2|} \tag{4.62}$$

なる関係がある．Q 値が大きいということは，図 4.7 に示すように共振の山，あるいは谷が鋭いことを表す．

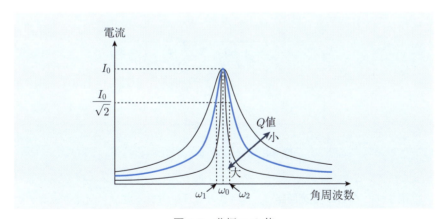

図 4.7 共振の Q 値

また，共振条件 $(\omega = \omega_0)$ では，

$$\frac{|\dot{Z}_L|}{R} = \frac{|\dot{Z}_C|}{R} = Q \tag{4.63}$$

が成り立つ．つまり，R が小さいほど Q 値は大きく，$R = 0$ のときは Q と $|\dot{I}|$ は無限大になる．

4.4.2　RLC 並列共振回路

抵抗 R とインダクタンス L，キャパシタンス C が全て並列に接続された **RLC 並列回路**に，図 4.8 のように角周波数 ω の交流電圧源 $\dot{V}$ が接続されたときの電流 $\dot{I}$ は，R, L, C それぞれに流れる電流の和として求められる．

$$\dot{I}_R = \dot{V}\dot{Y}_R = \frac{\dot{V}}{R} \tag{4.64}$$

$$\dot{I}_L = \dot{V}\dot{Y}_L = \frac{\dot{V}}{j\omega L} \tag{4.65}$$

$$\dot{I}_C = \dot{V}\dot{Y}_C = j\omega C \dot{V} \tag{4.66}$$

$$\dot{I} = \dot{I}_R + \dot{I}_L + \dot{I}_C = \left(\frac{1}{R} + \frac{1}{j\omega L} + j\omega C\right)\dot{V}$$
$$= \left(\frac{1}{R} + \frac{1 - \omega^2 LC}{j\omega L}\right)\dot{V} \tag{4.67}$$

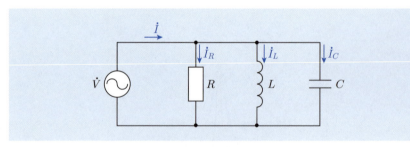

図 4.8　RLC 並列共振回路

また，コンダクタンス G とインダクタンス L，キャパシタンス C が全て並列に接続された **GLC 並列回路**に，図 4.9 のように角周波数 ω の交流電流源 $\dot{I}$ が接続されたときの電圧 $\dot{V}$ は次の通りである．

$$\left(G + \frac{1}{j\omega L} + j\omega C\right)\dot{V} = \dot{I} \tag{4.68}$$

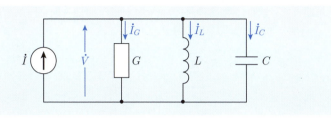

図 4.9 GLC 並列共振回路

$$\dot{V} = \frac{\dot{I}}{G + j\left(\omega C - \frac{1}{\omega L}\right)} = \frac{\dot{I}}{G}\frac{1}{1 + j\left(\frac{\omega C}{G} - \frac{1}{\omega G L}\right)}$$
$$= \frac{\dot{I}}{G}\frac{1}{1 + jQ\left(\frac{\omega}{\omega_0} - \frac{\omega_0}{\omega}\right)} \tag{4.69}$$

ここで，

$$\omega_0 = \frac{1}{\sqrt{LC}} \tag{4.70}$$

$$Q = \frac{\omega_0 C}{G} = \frac{1}{\omega_0 LG} \tag{4.71}$$

である．$\omega = \omega_0$ で回路は共振し，図 4.8 と図 4.9 の回路はそれぞれ **RLC 並列共振回路**，**GLC 並列共振回路**と呼ぶ．G, L, C それぞれに流れる電流は次のように求められる．直列共振と並列共振の基本特性を表 4.2 にまとめて示す．

$$\dot{I}_G = G\dot{V}, \quad \dot{I}_L = \frac{\dot{V}}{j\omega L}, \quad \dot{I}_C = j\omega C\dot{V} \tag{4.72}$$

図 4.9 のように交流電流源に接続された GLC 並列回路の電圧の式と，図 4.6 の交流電圧源に接続された RLC 直列回路の電流の式を比較すると，電流と電圧，抵抗とコンダクタンスを入れ替えただけで，形は同じである．したがって，図 4.9 の回路の共振特性は，図 4.6 の共振特性において電流と電圧を入れ替えただけで，同じ形になる．

表 4.2 直列共振と並列共振

直列共振	RLC 直列回路	電圧源	電流極大
		電流源	電圧極小
並列共振	GLC 並列回路	電圧源	電流極小
		電流源	電圧極大

例題 4.1　RLC 回路の共振

図 4.10 の回路の共振条件を求めよ．

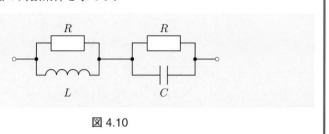

図 4.10

【解答】　図の回路の合成インピーダンスは，

$$\dot{Z} = \frac{R \cdot j\omega L}{R + j\omega L} + \frac{R \cdot \frac{1}{j\omega C}}{R + \frac{1}{j\omega C}}$$

$$= \frac{j\omega LR}{R + j\omega L} + \frac{R}{1 + j\omega CR}$$

$$= j\omega LR \frac{R - j\omega L}{R^2 + \omega^2 L^2} + R\frac{1 - j\omega CR}{1 + \omega^2 C^2 R^2}$$

$$= -\frac{\omega^2 L^2 R}{R^2 + \omega^2 L^2} + \frac{R}{1 + \omega^2 C^2 R^2} + j\left(\frac{\omega LR^2}{R^2 + \omega^2 L^2} - \frac{\omega CR^2}{1 + \omega^2 C^2 R^2}\right) \tag{4.73}$$

である．共振条件では，端子間のインピーダンスが実数（抵抗）になる，すなわち虚部がゼロである．つまり，

$$\frac{\omega LR^2}{R^2 + \omega^2 L^2} - \frac{\omega CR^2}{1 + \omega^2 C^2 R^2} = 0 \tag{4.74}$$

であることが条件である．この式を整理すると，

$$L(1 + \omega^2 C^2 R^2) - C(R^2 + \omega^2 L^2) = 0$$

$$\therefore \quad (L - R^2 C)(1 - \omega^2 LC) = 0 \tag{4.75}$$

つまり，$L = R^2 C$ または $\omega^2 LC = 1$ が共振の条件となる．このうち $L = R^2 C$ は，ω に無関係にインピーダンスが実数になる条件であり，$\omega^2 LC = 1$ はこれまでと同じ共振角周波数 $\omega = \omega_0 = \frac{1}{\sqrt{LC}}$ を与える．　∎

例題 4.2 交流ブリッジ回路

図 4.11 の回路で出力電圧 $\dot{V}_x$ がゼロとなるための，回路素子の間の関係を求めよ．

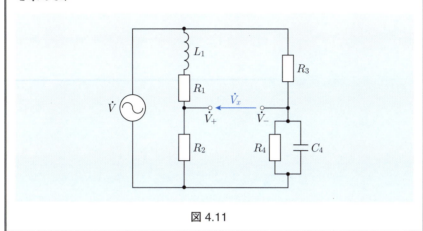

図 4.11

【解答】 図に示すように出力電圧端子の電圧を $\dot{V}_+$, $\dot{V}_-$ とする．$\dot{V}_+$ は R_2 の両端の電位差，$\dot{V}_-$ は R_4 と C_4 の並列素子の両端の電位差に等しい．$\dot{V}_x = 0$ ということは，$\dot{V}_+ = \dot{V}_-$ であるということである．$\dot{V}_+$ と $\dot{V}_-$ は次のように求められる．

$$\dot{V}_+ = \frac{R_2}{j\omega L_1 + R_1 + R_2}\dot{V} \tag{4.76}$$

$$\dot{V}_- = \frac{\frac{R_4}{1+j\omega C_4 R_4}}{R_3 + \frac{R_4}{1+j\omega C_4 R_4}}\dot{V} \tag{4.77}$$

$\dot{V}_+ = \dot{V}_-$ に上の 2 つの式を代入し，等号が成り立つためには，

$$\frac{R_2}{j\omega L_1 + R_1 + R_2} = \frac{R_4}{(1+j\omega C_4 R_4)R_3 + R_4} \tag{4.78}$$

であることが必要である．これを整理すると，

$$R_2(R_3 + R_4) + j\omega C_4 R_4 R_2 R_3 = (R_1 + R_2)R_4 + j\omega L_1 R_4 \tag{4.79}$$

となり，実数部と虚数部が等しいことが必要である．その結果，

$$\begin{cases} R_2 R_3 = R_1 R_4 \\ C_4 R_2 R_3 = L_1 \end{cases} \tag{4.80}$$

が条件として得られる．

例題 4.3 交流出力電圧を変化させる交流回路

図 4.12 の回路を考える．図中の変圧器は変圧比が 1:1 の理想変圧器であり，右側の巻線には上側と下側の電圧がちょうど等しい中間タップ端子がある．抵抗 R を変化させたときに，図中の電圧 $\dot{V}$ がどのように変化するか求めよ．

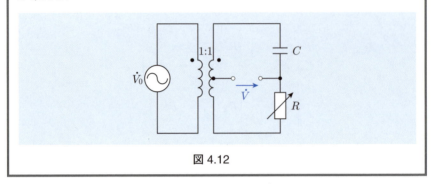

図 4.12

【解答】 抵抗 R とコンデンサ C に流れる電流を $\dot{I}$ とすると，回路方程式は次のようになる．

$$R\dot{I} + \frac{1}{j\omega C}\dot{I} = \dot{V}_0 \tag{4.81}$$

$$\dot{V} + \frac{1}{2}\dot{V}_0 = R\dot{I} \tag{4.82}$$

したがって，電圧 $\dot{V}$ は，

$$\dot{V} = -\frac{1}{2}\dot{V}_0 + \frac{R\dot{V}_0}{R + \frac{1}{j\omega C}} = \frac{1}{2}\dot{V}_0 \frac{R - \frac{1}{j\omega C}}{R + \frac{1}{j\omega C}} \tag{4.83}$$

になる．$\tan\theta = \frac{1}{\omega CR}$ （$0 \leq \theta \leq 90°$）とすると，

$$\dot{V} = \frac{1}{2}\dot{V}_0 e^{-2j\theta} \tag{4.84}$$

となり，その大きさは

$$|\dot{V}| = \left|\frac{1}{2}\dot{V}_0\right| \tag{4.85}$$

で一定である．つまり，抵抗 R を 0 から無限大に変えていくと，電圧 $\dot{V}$ の大きさを変えずに位相のみを $\dot{V}_0$ に対して $-180°$ から $0°$ に変えることができる．このような回路を**移相器**と呼ぶ．

式 (4.80) と式 (4.81) を図で表すと図 4.13 になる.

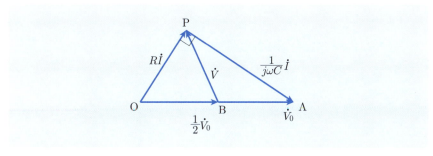

図 4.13

図 4.13 において，△OPA は式 (4.81) に対応し，△OPB は式 (4.82) に対応している．

例題 4.4 相互インダクタンスを含む回路

図 4.14 に示す相互インダクタンスを含む回路で，抵抗 R に流れる電流 $\dot{I}_R$ を求めよ．

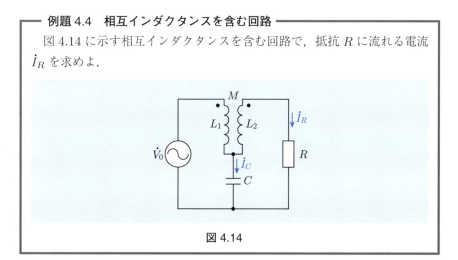

図 4.14

【解答】 相互インダクタンス部分の電圧と電流には一般に次式の関係がある．

$$\begin{cases} \dot{V}_1 = j\omega L_1 \dot{I}_1 + j\omega M \dot{I}_2 \\ \dot{V}_2 = j\omega M \dot{I}_1 + j\omega L_2 \dot{I}_2 \end{cases} \tag{4.86}$$

ここで，L_1 と L_2 は自己インダクタンス，M は相互インダクタンスである．L_1 に流れる電流は $\dot{I}_C + \dot{I}_R$，L_2 に流れる電流は $\dot{I}_R$ であるので，回路方程式は

$$jωL_1(\dot{I}_C + \dot{I}_R) - jωM\dot{I}_R + \frac{\dot{I}_C}{jωC} = \dot{V} \tag{4.87}$$

$$jωL_2\dot{I}_R - jωM(\dot{I}_C + \dot{I}_R) + R\dot{I}_R - \frac{\dot{I}_C}{jωC} = 0 \tag{4.88}$$

となる.これらの2式より,抵抗 R に流れる電流 $\dot{I}_R$ は,

$$\dot{I}_R = \frac{1 - ω^2 MC}{jω(L_1 - M)(1 - ω^2 MC) + \{R + jω(L_2 - M)\}(1 - ω^2 L_1 C)} \dot{V} \tag{4.89}$$

となる.したがって,$ω^2 MC = 1$ の場合,この回路は共振し,$\dot{I}_R = 0$ となる.この回路は**交流ブリッジ回路**の一つである.　■

補足　**交流回路の過渡解と定常解**

　図 4.15 の RL 直列回路を例にとって,正弦波交流電圧が印加されたときに流れる電流の過渡解と定常解の差について考えてみる.正弦波交流電圧 $e_s(t)$ は,次式で与えられ,電流 $i(t)$ の初期値はゼロとする.

$$e_s(t) = \begin{cases} 0 & (t < 0) \\ |E|\cos(ωt + φ) & (t \geq 0) \end{cases} \tag{4.90}$$

$$i(0) = 0 \tag{4.91}$$

この回路の回路方程式は,

$$L\frac{di}{dt} + Ri = e_s(t) \tag{4.92}$$

であり,この右辺をゼロとおいた斉次方程式の一般解は

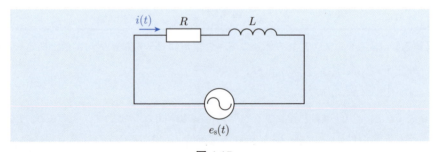

図 4.15

4.4 交流回路の計算法

$$i(t) = Ae^{-\frac{R}{L}t} \tag{4.93}$$

である．次に特解を求めるため，

$$i(t) = |I|\cos(\omega t + \psi) \tag{4.94}$$

を仮定する．式 (4.90) と式 (4.94) を式 (4.92) に代入すると，

$$\{-L\omega\sin(\omega t + \psi) + R\cos(\omega t + \psi)\}|I| = |E|\cos(\omega t + \phi) \tag{4.95}$$

であり，これを整理すると次式が得られる．

$$\sqrt{R^2 + L^2\omega^2}\,|I|\cos(\omega t + \psi + \theta) = |E|\cos(\omega t + \phi) \tag{4.96}$$

$$\tan\theta = \frac{\omega L}{R} \tag{4.97}$$

式 (4.96) の両辺が恒等的に一致するためには

$$|I| = \frac{|E|}{\sqrt{R^2 + L^2\omega^2}} \tag{4.98}$$

$$\psi = \phi - \theta \tag{4.99}$$

でなければならない．一般解は，

$$i(t) = Ae^{-\frac{R}{L}t} + |I|\cos(\omega t + \psi) \tag{4.100}$$

であり，これが初期条件の式 (4.91) を満足しなければならないので，

$$A + |I|\cos\psi = 0 \tag{4.101}$$

である．したがって電流 $i(t)$ が次のように求められる．

$$i(t) = \frac{-|E|\cos(\phi - \theta)}{\sqrt{R^2 + L^2\omega^2}} e^{-\frac{R}{L}t} + \frac{|E|}{\sqrt{R^2 + L^2\omega^2}}\cos(\omega t + \phi - \theta) \tag{4.102}$$

第 1 項は十分時間が経過するとゼロに近づく．例えば，回路の時定数 $\tau = \frac{L}{R}$ の 10 倍程度時間が経過したとすると，$e^{-10} \simeq 4.5 \times 10^{-5}$ であり，第 1 項はほとんど無視し得ることがわかる．

補足 複素数について

複素数 w は $w = x + jy$ と表され，x と y は実数，j は虚数単位（$j^2 = -1$）である．電気関係の分野では，i は電流を表す変数としてしばしば用いるため，虚数単位として j を使うことが多い．x は複素数 w の実数部 $x = \mathrm{Re}(w)$，y は虚数部 $y = \mathrm{Im}(w)$ である．また，複素数 w の絶対値 $|w|$，偏角 $\arg w$，共役複素数 $\overline{w}$ が以下のように定義される．

絶対値：$|w| = \sqrt{x^2 + y^2}$ (4.103)

偏角：$\arg w = \angle w = \arctan \dfrac{y}{x}$ (4.104)

共役複素数：$\overline{w} = x - jy$ (4.105)

複素数には以下のような性質がある．

$$w\overline{w} = \overline{w}w = x^2 + y^2 = |w|^2 \tag{4.106}$$

$$\arg w + \arg \overline{w} = 2n\pi \tag{4.107}$$

図 4.16 の複素平面で考えると，$\overline{\mathrm{PO}} = |w|$，$\theta = \arg w$ であり，P′ は $\overline{w}$ に対応する．

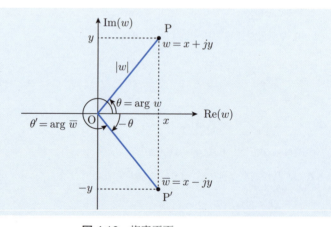

図 4.16 複素平面

複素数 w について，絶対値 $|w|$ と偏角 $\theta = \arg w$ が与えられると，

$$\begin{aligned} w &= |w|\,(\cos\theta + j\sin\theta) \\ &= |w|\,e^{j\theta} \end{aligned} \tag{4.108}$$

と極形式で表現できる．

複素数 w_1, w_2 が以下の通りとすると，(i)〜(iv) が成立する（図 4.17）．

$$w_1 = x_1 + jy_1 = |w_1|e^{j\theta_1} \tag{4.109}$$

$$w_2 = x_2 + jy_2 = |w_2|e^{j\theta_2} \tag{4.110}$$

(i) $w_1 = w_2$ であれば，$x_1 = x_2$ かつ $y_1 = y_2$，または $|w_1| = |w_2|$ かつ $\theta_1 = \theta_2 + 2n\pi$，または複素平面上の点が一致．

(ii) $w_1 \pm w_2 = (x_1 \pm x_2) + j(y_1 \pm y_2)$ \hfill (4.111)

(iii) $w_1 \cdot w_2 = (x_1 + jy_1)(x_2 + jy_2)$

$\qquad = (x_1 x_2 - y_1 y_2) + j(x_1 y_2 + x_2 y_1)$

$\qquad = |w_1|e^{j\theta_1}|w_2|e^{j\theta_2} = |w_1 w_2|e^{j(\theta_1 + \theta_2)}$ \hfill (4.112)

(iv) $\dfrac{w_1}{w_2} = \dfrac{w_1 \overline{w_2}}{w_2 \overline{w_2}}$

$\qquad = \dfrac{(x_1 x_2 + y_1 y_2) + j(x_2 y_1 - x_1 y_2)}{x_2^2 + y_2^2}$

$\qquad = \dfrac{|w_1|e^{j\theta_1}}{|w_2|e^{j\theta_2}} = \left|\dfrac{w_1}{w_2}\right|e^{j(\theta_1 - \theta_2)}$ \hfill (4.113)

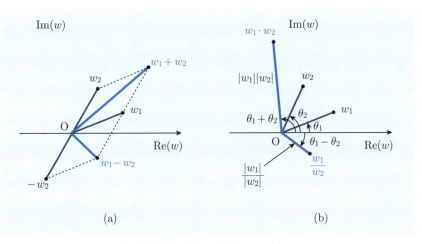

図 4.17　複素数の四則演算

4章の問題

☐**1** (**RLC 直列共振回路**)　図に示すように，周波数 50 Hz，実効値 50 V，出力インピーダンス $5 + j3\,\Omega$ の交流電源に，$10\,\Omega$ の抵抗と可変キャパシタ C が接続されている．

(a)　$10\,\Omega$ の抵抗で消費される電力が最大になるときのキャパシタンス C とそのときの電力 P を求めよ．

(b)　キャパシタンス C の端子電圧 V_C の最大値を求めよ．

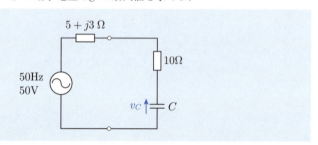

☐**2** (**RLC 直列共振回路と Q 値**)　RLC 直列共振回路の共振角周波数を ω_0，そのときの電流を I_0 とする．また，角周波数 $\omega_1\,(<\omega_0)$ のとき流れる電流が I_1，$\omega_2\,(>\omega_0)$ のとき流れる電流が I_2 であった．

(a)　$I_1 = I_2$ のとき，$\omega_1 \omega_2 = \omega_0^2$ であることを示せ．

(b)　$I_1 = I_2 = \dfrac{I_0}{\sqrt{2}}$ のとき，ω_1 と ω_2 を求め，それから Q 値が次式で表されることを示せ．

$$Q = \frac{\omega_0}{|\omega_2 - \omega_1|}$$

☐**3** (**RLC 回路**)　図の回路について次の問に答えよ．ただし，この回路の両端に印加される交流電圧の角周波数を ω とする．

(a)　この回路の合成インピーダンス Z を求めよ．

(b)　インダクタンス L とキャパシタンス C が一定で，$\omega L = \dfrac{1}{2\omega C}$ であるときを考える．抵抗 R を変化させたとき，L に流れる電流 i の大きさが変化しないことを示せ．

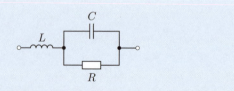

☐**4** (**相互インダクタンスを含む交流ブリッジ回路**) 図の交流回路で,電流計に流れる電流がゼロのとき,相互インダクタンス M を抵抗 R_1, R_2, R_3, R_4,インダクタンス L_3, L_4 で表すことができる.M を与える式を求めよ.

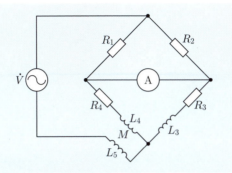

5 交流電力回路の基礎

　交流電力回路の基礎として，まず変圧器とその等価回路表現について学ぶ．続いて交流回路の電力として，瞬時電力，有効電力，無効電力，複素電力などと力率について説明する．また，電源回路から取り出せる最大電力を表す有能電力について学ぶ．電力分野で広く用いられる多相交流，特に三相交流の基礎を説明し，その電力の表し方，正相電流・逆相電流・零相電流について学ぶ．さらに，ひずみ波交流とそのフーリエ級数展開による波形表現および回路解析方法について説明する．

---

5 章で学ぶ概念・キーワード
- 変圧器
- 有効電力と無効電力
- 複素電力と力率
- 有能電力
- 三相交流と多相交流
- 正相電流，逆相電流，零相電流
- ひずみ波交流

5.1 変圧器

変圧器は，図 5.1 のように電流を流す電気回路と磁束を通す鉄心すなわち磁気回路が鎖交した構造をしており，一方の巻線（巻数 N_1）に交流電圧 $\dot{V}_1$ を加えると，鉄心の中に交番磁界が発生し，電磁誘導作用によって他方の巻線（巻数 N_2）に交流電圧 $\dot{V}_2$ を発生する．電源側の巻線を一次巻線，負荷側の巻線を二次巻線，$\frac{N_1}{N_2} = a$ を**巻数比**という．

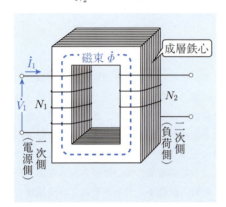
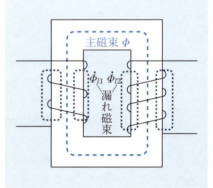

図 5.1 変圧器の原理的構造　　図 5.2 変圧器の主磁束と漏れ磁束

図 5.3 に示すように一次巻線と二次巻線の自己インダクタンスをそれぞれ L_1, L_2，相互インダクタンスを M とし，一次側に交流電源 $\dot{E}$，二次側に負荷抵抗 R を接続すると，一次側回路と二次側回路の閉路方程式は次のように得られる．

$$\begin{cases} j\omega L_1 \dot{I}_1 - \quad\quad j\omega M \dot{I}_2 = \dot{E} & (5.1) \\ j\omega M \dot{I}_1 - (R + j\omega L_2)\dot{I}_2 = 0 & (5.2) \end{cases}$$

これらの式から，一次巻線と二次巻線に流れる電流 $\dot{I}_1$ と $\dot{I}_2$ を求めると，それぞれ以下の通りである．

$$\begin{cases} \dot{I}_1 = \dfrac{R + j\omega L_2}{j\omega L_1 R + \omega^2 (L_1 L_2 - M^2)} \dot{E} & (5.3) \\ \dot{I}_2 = \dfrac{M}{L_1 R + j\omega (L_1 L_2 - M^2)} \dot{E} & (5.4) \end{cases}$$

これで，もし $M^2 = L_1 L_2$ が成り立つと，式 (5.3) と式 (5.4) は

$$\begin{cases} \dot{I}_1 = \left(\dfrac{1}{j\omega L_1} + \dfrac{L_2}{L_1 R}\right)\dot{E} & (5.5) \\ \dot{I}_2 = \dfrac{M}{L_1 R}\dot{E} & (5.6) \end{cases}$$

となる．

$$\frac{M}{L_1} = \frac{L_2}{M} = a \tag{5.7}$$

とおくと，$L_1 = \frac{M}{a}, L_2 = aM$ であるので，

$$\begin{cases} \dot{I}_1 = \left(\dfrac{1}{j\omega L_1} + \dfrac{1}{\frac{R}{a^2}}\right)\dot{E} & (5.8) \\ \dot{I}_2 = \dfrac{a\dot{E}}{R} & (5.9) \end{cases}$$

が得られる．式 (5.8) は電源 $\dot{E}$ にインダクタンス L_1 と抵抗 $\frac{R}{a^2}$ が並列接続されていると考えることができ，式 (5.9) は電源 $a\dot{E}$ に抵抗 R がつながっていると考えることができる．

変圧器において，巻線抵抗と**漏れ磁束**（図 5.2）および鉄損が無く，鉄心の透磁率が極めて高くて励磁電流が無視できるものを**理想変圧器**という．$1:a$ の理想変圧器とは，入力電圧を a 倍，入力電流を $\frac{1}{a}$ 倍にして出力するもので，電力は不変である．したがって，二次側に抵抗 R が接続されているとき，$\dot{V}_2 = a\dot{V}_1$，$\dot{I}_2 = \frac{\dot{I}_1}{a}$，$\dot{V}_2 = R\dot{I}_2$ であるので，

$$\frac{\dot{V}_1}{\dot{I}_1} = \frac{\frac{\dot{V}_2}{a}}{a\dot{I}_2} = \frac{1}{a^2}\frac{\dot{V}_2}{\dot{I}_2} = \frac{R}{a^2} \tag{5.10}$$

となる．つまり，出力側のインピーダンスは入力側からみて $\frac{1}{a^2}$ 倍になる．結局，図 5.3 の変圧器回路は図 5.4 の等価回路で表すことができる．明らかに式 (5.8) と式 (5.9) が成立していることがわかるであろう．

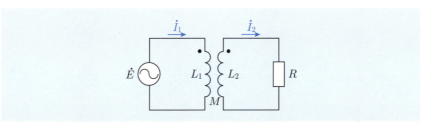

図 5.3 交流電圧源と抵抗が接続された変圧器回路

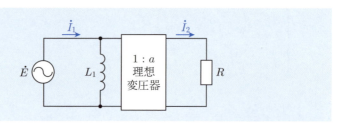

図 5.4　$M^2 = L_1 L_2$ のときの図 5.3 の変圧器回路の等価回路

　実際の変圧器では，巻線に抵抗があり，電圧降下と抵抗損が生じる．また，一次巻線と二次巻線の両方に鎖交する磁束である主磁束の他に，空気中に漏れる磁束も存在する．このような漏れ磁束に基づくリアクタンスを**漏れリアクタンス**という．さらに巻線抵抗と漏れリアクタンスを合わせて**漏れインピーダンス**という．その結果，M^2 は $L_1 L_2$ よりもわずかに小さく，特性の解析などにおいては図 5.5 の等価回路を使う必要がある．ここで，R_m は鉄損を表し，X_m は励磁リアクタンスであり，合わせて**励磁インピーダンス**という．

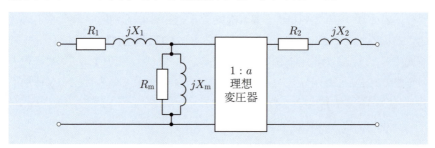

図 5.5　変圧器の等価回路

例題 5.1　変圧器の等価回路の例

巻線抵抗と漏れインピーダンス，励磁インピーダンスを無視した図 5.6(a) の変圧器は，同図 (b) の等価回路で表されることを示せ．

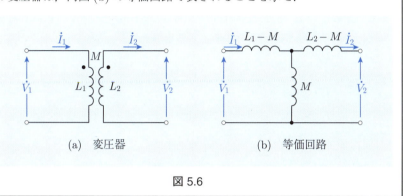

(a)　変圧器　　　　(b)　等価回路

図 5.6

【解答】　図 5.6(a) の回路の方程式は以下の通り．

$$\begin{cases} \dot{V}_1 = j\omega L_1 \dot{I}_1 - j\omega M \dot{I}_2 & (5.11) \\ \dot{V}_2 = -j\omega L_2 \dot{I}_2 + j\omega M \dot{I}_1 & (5.12) \end{cases}$$

一方，図 5.6(b) の回路の方程式は

$$\begin{cases} \begin{aligned} \dot{V}_1 &= j\omega(L_1 - M)\dot{I}_1 + j\omega M(\dot{I}_1 - \dot{I}_2) \\ &= j\omega L_1 \dot{I}_1 - j\omega M \dot{I}_2 \end{aligned} & (5.13) \\ \begin{aligned} \dot{V}_2 &= -j\omega(L_2 - M)\dot{I}_2 + j\omega M(\dot{I}_1 - \dot{I}_2) \\ &= -j\omega L_2 \dot{I}_2 + j\omega M \dot{I}_1 \end{aligned} & (5.14) \end{cases}$$

となり，図 5.6(a) の回路の方程式と一致する．つまり，図 5.6(a) の変圧器は，同図 (b) の等価回路で表されることが示せた．

図 5.6(b) の等価回路は，その形が T 字であることから **T 形等価回路**と呼ばれる．

5.2 電力回路

5.2.1 交流電力の表現

交流回路の中のある回路要素（群）の両端の電圧を $v(t)$，そこに流れる電流を $i(t)$ とし，それらが次のように表されるとする．

$$v(t) = V_a \cos(\omega t + \theta_v) \tag{5.15}$$

$$i(t) = I_a \cos(\omega t + \theta_i) \tag{5.16}$$

ここで V_a と I_a が振幅，ϕ_v と ϕ_i が位相，ω が角周波数である．

電圧と電流の積を $p(t)$ とすると，

$$\begin{aligned} p(t) &= v(t)i(t) \\ &= V_a I_a \cos(\omega t + \theta_v) \cos(\omega t + \theta_i) \\ &= \frac{V_a I_a}{2} \{\cos(\theta_i - \theta_v) + \cos(2\omega t + \theta_i + \theta_v)\} \end{aligned} \tag{5.17}$$

となる．ここでは次に示す三角関数の加法定理を用いた．

$$\sin(\alpha \pm \beta) = \sin\alpha \cos\beta \pm \cos\alpha \sin\beta \tag{5.18}$$

$$\cos(\alpha \pm \beta) = \cos\alpha \cos\beta \mp \sin\beta \sin\alpha \tag{5.19}$$

$$\sin\alpha \sin\beta = \frac{-\cos(\alpha + \beta) + \cos(\alpha - \beta)}{2} \tag{5.20}$$

この電力 $p(t)$ は時々刻々変化する電力を表しているので，**瞬時電力**と呼ばれる．式 (5.17) において，第 2 項は時間変動項で平均がゼロであり，第 1 項は**平均電力**に対応する．第 1 項を P とすると，

$$P = \overline{p(t)} = \frac{1}{T}\int_0^T p(t)dt = \frac{V_a I_a}{2}\cos(\theta_i - \theta_v) \tag{5.21}$$

である．ここで，T を $\frac{\pi}{\omega}$ あるいはその整数倍とする．さらに，電圧と電流の実効値を V と I とすると，

$$V = \frac{V_a}{\sqrt{2}}, \quad I = \frac{I_a}{\sqrt{2}} \tag{5.22}$$

であり，$\theta = \theta_i - \theta_v$ とすると，平均電力 P は $VI\cos\theta$ となる．

特に，電流と電圧の位相差が $\frac{\pi}{2}$ の場合，つまり

$$|\theta_v - \theta_i| = \frac{\pi}{2} \tag{5.23}$$

の場合は瞬時電力 $p(t)$ の平均値はゼロとなる．第2項は，時間変化し，平均ゼロの電力成分であり，電源周波数の2倍の周波数で変化する．瞬時電力は時間と共に正負にわたって変化するが，平均値はゼロではない．つまり，交流であっても電気エネルギーが伝送できるが，必ず脈動をともなう．

電圧 $v(t)$ と電流 $i(t)$ を，それぞれの実効値 V と I を使って表現すると，

$$v(t) = \sqrt{2}\,V \sin(\omega t + \theta_v) \tag{5.24}$$

$$i(t) = \sqrt{2}\,I \sin(\omega t + \theta_i) \tag{5.25}$$

となり，平均電力 P（単位は W（ワット））は，

$$P = \overline{p(t)} = VI\cos(\theta_v - \theta_i) \tag{5.26}$$

であり，VI を **皮相電力**（単位は VA（ボルトアンペア）），$\cos(\theta_v - \theta_i)$ を **力率** という．そして電流の位相が電圧の位相よりも進んでいるとき $(\theta_i > \theta_v)$ を **進み力率**，遅れているとき $(\theta_i < \theta_v)$ を **遅れ力率** という．

交流では実効値を使って電圧や電流の大きさを表している．交流 100 V とは，交流電圧の実効値が 100 V であり，振幅がその $\sqrt{2}$ 倍，141.4 V であることを意味する．実効値とは，平均電力に関して等価になる直流での値に相当する．一般に，周期 T の交流 $x(t)$ の実効値 X は，

$$X = \sqrt{\frac{1}{T}\int_{t_0}^{t_0+T} x^2(t)dt} \tag{5.27}$$

5.2.2 有効電力と無効電力

図 5.7 に示すように，交流電圧源 $\dot{V}$ に R, L, C が並列に接続された回路を考える．R, L, C に流れる電流をそれぞれ $\dot{I}_R, \dot{I}_L, \dot{I}_C$ とすると，平均電力を生じるのは $\dot{I}_R$ だけであるので，それを **有効電流** 分と呼ぶ．それに対して，$\dot{I}_L$ と $\dot{I}_C$ とは互いに π だけ位相がずれていて，平均電力は生じず，互いに打ち消し合う関係であるので，それらを **無効電流** 分と呼ぶ．$\dot{I}_L$ が $\dot{I}_C$ よりも大きいときは遅れ無効電流が流れ，その逆の場合は進み無効電流が流れる．先ほどの平均電力 P は，

$$P = |\dot{V}||\dot{I}_R| \tag{5.28}$$

となる．また，平均電力に寄与しない分の電力は，

$$Q = |\dot{V}|(|\dot{I}_L| - |\dot{I}_C|) \tag{5.29}$$

である．P を**有効電力**（単位は W（ワット）），Q を**無効電力**（単位は Var（バール））と呼び，ここでは遅れの無効電力を正としている．

図 5.7(b) に示すように，大きさと位相角を矢印の長さと偏角に対応させて表現したものを，**フェーザダイアグラム**，あるいはベクトル図という．インピーダンスやアドミタンス，複素電力などもフェーザと同様な表示ができる．

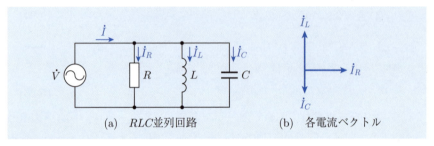

(a) RLC 並列回路   (b) 各電流ベクトル

図 5.7　RLC 並列回路と電流

5.2.3　複素電力

有効電力 P を実部，無効電力 Q を虚部にもつ複素数で表現した電力を**複素電力** $\dot{W}$ と呼ぶ．

$$\dot{W} = P + jQ \tag{5.30}$$

複素電力は，電圧を $\dot{V} = Ve^{j\theta_v}$，電流を $\dot{I} = Ie^{j\theta_i}$ とすると，$\dot{W} = \dot{V}\bar{I}$ で求められる．つまり，

$$\dot{W} = \dot{V}\bar{I} = Ve^{j\theta_v}Ie^{-j\theta_i} = VIe^{j(\theta_v - \theta_i)}$$
$$= VI\{\cos(\theta_v - \theta_i) + j\sin(\theta_v - \theta_i)\} \tag{5.31}$$

であり，$\theta = \theta_v - \theta_i$ とおくと，有効電力 P と無効電力 Q は，

$$P = VI\cos\theta \tag{5.32}$$
$$Q = VI\sin\theta \tag{5.33}$$

である．VI は**皮相電力**，$\cos\theta$ は**力率**であり，有効電力 P は消費電力，平均電力という言い方をすることもある．また，次のように表現することもできる．

$$|\dot{W}| = \sqrt{P^2 + Q^2} = VI \tag{5.34}$$

$$P = |\dot{W}|\cos\theta, \quad Q = |\dot{W}|\sin\theta \tag{5.35}$$

5.2 電力回路

5.2.4 交流回路と電力

いくつかの交流回路を例に，その回路における電力を以下で求めてみる．

例題 5.2 交流回路の電力 (1)

図 5.8 の回路の電力を求めよ．

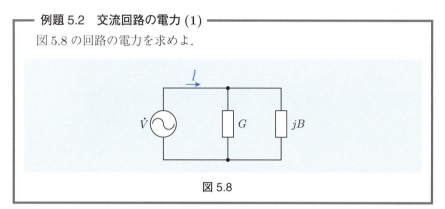

図 5.8

【解答】 $\dot{Y} = G + jB$ とすると，電流は $\dot{I} = \dot{Y}\dot{V}$ である．

$$\dot{W} = \dot{V}\overline{\dot{I}} = (G - jB)|V|^2 = G|V|^2 - jB|V|^2 \tag{5.36}$$

有効電力 $P = G|V|^2$ は抵抗で消費される．無効電力 $Q = -jB|V|^2$ はコンデンサに供給される進みの無効電力であり，電源とコンデンサとの間を往復するエネルギーの大きさを示している． ∎

例題 5.3 交流回路の電力 (2)

図 5.7(a) の回路において，電源 $\dot{V}$ から供給される無効電力がゼロとなるときの C を求めよ．

【解答】 $B_1 = \omega C, B_2 = -\frac{1}{\omega L}$ とすると，全体のアドミタンス $\dot{Y}$ は

$$\dot{Y} = G + jB_1 + jB_2 \tag{5.37}$$

である．したがって，複素電力は $\dot{W} = G|V|^2 - j(B_1 + B_2)|V|^2$ であるので，無効電力がゼロであるためには $B_1 + B_2 = 0$，すなわち

$$\omega^2 LC = 1 \tag{5.38}$$

が条件となる．

したがって，

$$C = \frac{1}{\omega^2 L} \tag{5.39}$$

である.

このとき，L と C の間でエネルギーのやりとりがされていて，電源からは $P = G|V|^2$ のみが供給されている.

例題 5.4　交流回路の電力 (3)

図 5.9 のように，交流 100 V の電源に，2 つの負荷が並列に接続されている．負荷 1 に流れる電流は 5 A で遅れ力率 0.8，負荷 2 に流れる電流は 3 A で進み力率 0.6 であった．電力を求めよ．

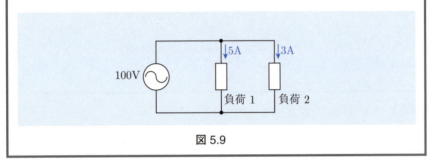

図 5.9

【解答】　$\cos\theta_1 = 0.8 \quad \therefore \quad \sin\theta_1 = 0.6$ 　　　　　　　　(5.40)

$\cos\theta_2 = 0.6 \quad \therefore \quad \sin\theta_2 = -0.8$ 　　　　　　　　(5.41)

$P_1 = 500 \times 0.8 = 400\,[\text{W}]$ 　　　　　　　　　　　　　　(5.42)

$Q_1 = 500 \times 0.6 = 300\,[\text{Var}]$ 　　　　　　　　　　　　(5.43)

$P_2 = 300 \times 0.6 = 180\,[\text{W}]$ 　　　　　　　　　　　　　　(5.44)

$Q_2 = 300 \times (-0.8) = -240\,[\text{Var}]$ 　　　　　　　　　(5.45)

有効電力 : $P = P_1 + P_2 = 580\,[\text{W}]$ 　　　　　　　　　(5.46)

無効電力 : $Q = Q_1 + Q_2 = 60\,[\text{Var}]$ 　　　　　　　　(5.47)

皮相電力 : $\sqrt{P^2 + Q^2} = 583\,[\text{VA}]$ 　　　　　　　　(5.48)

力率 : $\cos\theta = \dfrac{P}{\sqrt{P^2 + Q^2}} = 99.5\%$ （遅れ）　(5.49)

電流の大きさ : $\dfrac{583}{100} = 5.83\,[\text{A}]$ 　　　　　　　(5.50)

電力の計算では重ね合わせの定理は適用できないことに注意が必要である．

5.2 電力回路

図 5.10 のように，出力インピーダンス $\dot{Z}_0 = R + jX$ の電源 $\dot{E}$ に，負荷インピーダンス $\dot{Z}_L = R_L + jX_L$ が接続されている．負荷に流れる電流 $\dot{I}$ は，

$$\dot{I} = \frac{\dot{E}}{\dot{Z}_0 + \dot{Z}_L} = \frac{\dot{E}}{R + R_L + j(X + X_L)} \tag{5.51}$$

である．

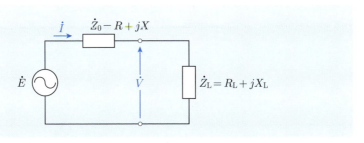

図 5.10 電源出力インピーダンスと有能電力

負荷に消費される電力 P は

$$P = R_L |\dot{I}|^2 = \frac{R_L |\dot{E}|^2}{(R + R_L)^2 + (X + X_L)^2} \tag{5.52}$$

である．P が最大となるための負荷条件は次のように考えればよい．まず，リアクタンス分については $X + X_L = 0$ より，$X_L = -X$ となる．実数分については，$X_L = -X$ のとき $\frac{dP}{dR_L} = 0$ より，

$$\frac{dP}{dR_L} = \frac{(R - R_L)|\dot{E}|^2}{(R + R_L)^3} = 0 \tag{5.53}$$

から求めればよい．つまり，$R_L = R$ が P が最大となるための条件である．結局，$\dot{Z}_L = R - jX = \overline{\dot{Z}_0}$ のとき，電力 P は最大であり，最大電力 $P_{\max} = \frac{|\dot{E}|^2}{4R}$ となる．これを**有能電力**と呼ぶ．

例題 5.5　交流回路の電力 (4)

図 5.11 の回路において，$2\,\Omega$ の抵抗で消費される有効電力を最大にするリアクタンス X_1, X_2 の値を求めよ．

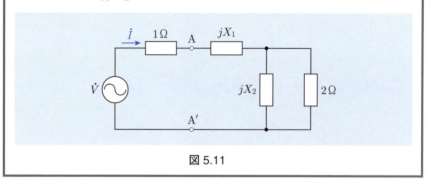

図 5.11

【解答】 図の AA′ から右側をみたインピーダンスが $1\,\Omega$ の純抵抗であるとき，電源からは最大の有効電力 $\dfrac{|\dot{V}|^2}{4}$ [W] が取り出される．

AA′ から右側をみたインピーダンスは，

$$\frac{2jX_2}{2+jX_2} + jX_1 = 1 \tag{5.54}$$

であるので，

$$2jX_2 + jX_1(2+jX_2) = 2 + jX_2 \tag{5.55}$$

が条件である．実部と虚部に分けると，

$$-X_1 X_2 = 2, \quad 2X_1 + 2X_2 = X_2 \tag{5.56}$$

したがって，

$$X_1 = 1\,[\Omega], \quad X_2 = -2\,[\Omega] \tag{5.57}$$

または，

$$X_1 = -1\,[\Omega], \quad X_2 = 2\,[\Omega] \tag{5.58}$$

が解である．

例題 5.6 交流回路の電力 (5)

$\dot{Z} = 4 + j3\,[\Omega]$ のインピーダンスを $10\,\mathrm{V}$ の交流電源に接続したときの電流と電力を求め,その関係をベクトル図に示せ.

【解答】

$$\dot{Z} = \sqrt{4^2 + 3^2}\angle\dot{Z} = 5\angle\dot{Z}\,[\Omega] \tag{5.59}$$

$$\dot{I} = \frac{\dot{V}}{\dot{Z}} = \frac{10}{5\angle\dot{Z}} = 2\angle\overline{\dot{Z}}\,[\mathrm{A}] \tag{5.60}$$

$$\dot{W} = \dot{V}\overline{\dot{I}} = 20\angle\dot{Z}\,[\mathrm{W}] \tag{5.61}$$

ベクトル図は図 5.12 の通り.

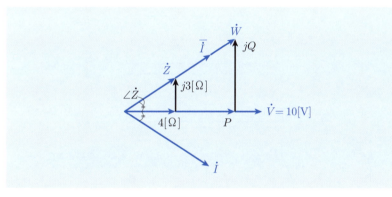

図 5.12

5.3 三相回路と多相交流

5.3.1 三相回路

交流電源と負荷を 2 本の線で接続すると，負荷で消費される電力は時間的に変動する．しかし，図 5.13 のように，振幅が等しいが位相が互いに $\frac{1}{3}$ 周期ずつずれている 3 つの交流電源と 3 つの負荷をそれぞれ 2 本の線でつなぐと，3 つの負荷で消費される電力の和は一定になる．これは**三相回路**であり，発電や送配電，あるいは電動機負荷などにとっては大きなメリットであり，広く利用されている．

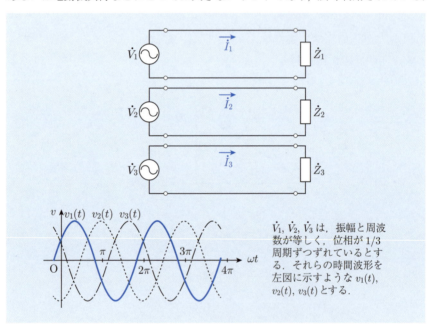

図 5.13 3 つの単相交流回路

上記の例では 6 本の導線が使われているが，3 つの交流電源の電圧の和がゼロ，すなわち $\dot{V}_1 + \dot{V}_2 + \dot{V}_3 = 0$ であれば，図 5.14 のように導線は 3 本あればよい．

図 5.13 の構成では，1 本の線の抵抗を r，電流を I とすると，6 本の線全部のジュール損失は，

$$P_1 = 6rI^2 \tag{5.62}$$

である．一方，図 5.14 の構成（**△ 結線**）では，抵抗が $\frac{r}{2}$，電流が $\sqrt{3}\,I$，本数

が3であるので,ジュール損失は,

$$P_{3\triangle} = 3 \cdot \frac{r}{2} \cdot (\sqrt{3}\,I)^2 = \frac{9}{2}rI^2 \tag{5.63}$$

となり,単相3組に比べて,三相の方が同じ送電設備なら損失が少なく,損失を同じにすれば設備を減らすことができる.

もう一つの代表的な三相結線である図 5.15 の構成(**Y 結線**)では,ジュール損失は,

$$P_{3Y} = 3rI^2 \tag{5.64}$$

となり,設備も損失も半分にすることができる.ただし,線間電圧が $\sqrt{3}$ 倍となり,絶縁上の負担が増している.Y 結線された3つの電源,あるいは3つの負荷の交点を**中性点**といい,電源の中性点と負荷の中性点をつなぐ線を**中性線**という.中性線を残した構成は**三相4線式**(5.3.3 項),中性線を無くした構成は**三相3線式**(5.3.2 項)と呼ばれる.電源も負荷も Δ でも Y でもよい.

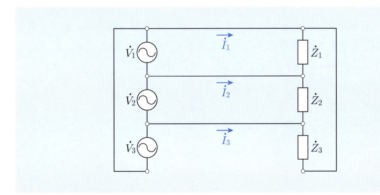

図 5.14 三相回路(Δ 結線)

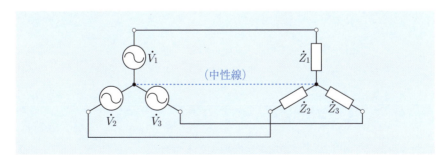

図 5.15 三相回路(Y 結線)

3個の電源，3個の負荷の電圧や電流は同じであるとすると，3本の導線に流れる電流や線間の電圧は，Δ 結線と Y 結線との間で互いに異なる．一方，線間電圧と線路電流が両者の間で等しく，それぞれ V と I とすると，Δ 結線では，電源電圧と負荷電圧 V_0 は線間電圧 V に等しく，電源電流と負荷電流 I_0 は $\frac{I}{\sqrt{3}}$ になる．Y 結線では，V_0 は $\frac{V}{\sqrt{3}}$，I_0 は線電流 I に等しい．また，電力 P は力率を $\cos\theta$ として，電源電圧 V_0 と電源電流 I_0 で表すと，

$$P = 3V_0 I_0 \cos\theta \tag{5.65}$$

となり，線間電圧 V と線電流 I で表すと，

$$P = \sqrt{3} V I \cos\theta \tag{5.66}$$

となる．

ここまでの説明では，電圧も電流も同じ波形が $\frac{1}{3}$ 周期ずつずれている対称三相を前提にしていた．実際には，対称からはくずれて，非対称になることがある．

三相3線式の場合，3本にどのような電流が流れるにしろ，合計電流は常にゼロになる．各電流が正弦波であるとすると，任意の**非対称電流**は，2つの対称電流である**正相電流**と**逆相電流**との和として表現できる．ここで，正相電流とは U，V，W の相順をもつ対称電流であり，逆相電流とは W，V，U の相順をもつ対称電流である．つまり，正相電流は $\dot{I}_{U1}$，$\dot{I}_{V1} = a\dot{I}_{U1}$，$\dot{I}_{W1} = a^2 \dot{I}_{U1}$ であり，逆相電流は $\dot{I}_{U2}$，$\dot{I}_{V2} = a^2 \dot{I}_{U2}$，$\dot{I}_{W2} = a\dot{I}_{U2}$ である．ただし a は $\frac{1}{3}$ 周期遅らせることに対応した複素数で，$a = e^{-j\frac{2\pi}{3}}$ である．

5.3.2 三相3線式

三相3線式の場合の非対称電流は，

$$\dot{I}_U = \dot{I}_{U1} + \dot{I}_{U2} \tag{5.67}$$

$$\dot{I}_V = \dot{I}_{V1} + \dot{I}_{V2} = a\dot{I}_{U1} + a^2 \dot{I}_{U2} \tag{5.68}$$

$$\dot{I}_W = \dot{I}_{W1} + \dot{I}_{W2} = a^2 \dot{I}_{U1} + a\dot{I}_{U2} \tag{5.69}$$

ここで，

$$1 + a + a^2 = 0 \tag{5.70}$$

$$a^4 = a \quad (a^3 = 1) \tag{5.71}$$

であるので，正相電流と逆相電流は次の式で表される．

5.3 三相回路と多相交流

$$\dot{I}_{U1} = \frac{1}{3}(\dot{I}_U + a^2 \dot{I}_V + a\dot{I}_W) \tag{5.72}$$

$$\dot{I}_{U2} = \frac{1}{3}(\dot{I}_U + a\dot{I}_V + a^2 \dot{I}_W) \tag{5.73}$$

例題 5.7　単相負荷が接続された三相回路

図 5.16 に示すように，U 相と V 相の間に単相負荷がある．$\dot{I}_V = -\dot{I}_U$，$\dot{I}_W = 0$ の場合の正相電流 $\dot{I}_{U1}$ と逆相電流 $\dot{I}_{U2}$ を求めよ．

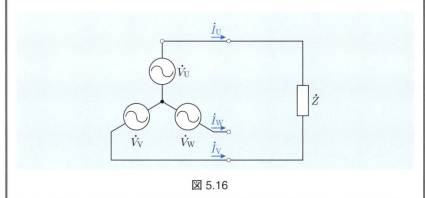

図 5.16

【解答】
$$\dot{I}_{U1} = \frac{1}{3}(\dot{I}_U - a^2 \dot{I}_U) = \frac{1}{\sqrt{3}} e^{-j\frac{\pi}{6}} \dot{I}_U \tag{5.74}$$

$$\dot{I}_{U2} = \frac{1}{3}(\dot{I}_U - a\dot{I}_U) = \frac{1}{\sqrt{3}} e^{j\frac{\pi}{6}} \dot{I}_U \tag{5.75}$$

正相電流と逆相電流の大きさは負荷電流の $\frac{1}{\sqrt{3}}$ 倍である．　■

参考　$\dot{I}_U = \dot{I}_{U1} + \dot{I}_{U2}, \quad \dot{I}_V = -\dot{I}_U = \dot{I}_{V1} + \dot{I}_{V2}, \quad \dot{I}_W = \dot{I}_{W1} + \dot{I}_{W2} = 0$
フェーザダイアグラムを図 5.17 に示す．

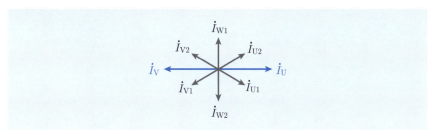

図 5.17　図 5.16 の回路のフェーザダイアグラム

5.3.3 三相4線式

図 5.18 に示す**三相4線式**の場合,$\dot{I}_U + \dot{I}_V + \dot{I}_W$ はゼロとは限らない.そこで,正相成分,逆相成分に加えて,零相成分を考える.**零相電流**

$$\dot{I}_{U0} = \dot{I}_{V0} = \dot{I}_{W0} \tag{5.76}$$

を用いると,各相の電流は,

$$\dot{I}_U = \dot{I}_{U0} + \dot{I}_{U1} + \dot{I}_{U2} \tag{5.77}$$

$$\dot{I}_V = \dot{I}_{V0} + \dot{I}_{V1} + \dot{I}_{V2} = \dot{I}_{U0} + a\dot{I}_{U1} + a^2\dot{I}_{U2} \tag{5.78}$$

$$\dot{I}_W = \dot{I}_{W0} + \dot{I}_{W1} + \dot{I}_{W2} = \dot{I}_{U0} + a^2\dot{I}_{U1} + a\dot{I}_{U2} \tag{5.79}$$

となり,零相電流,正相電流,逆相電流は次のように求められる.

$$\dot{I}_{U0} = \frac{1}{3}(\dot{I}_U + \dot{I}_V + \dot{I}_W) \tag{5.80}$$

$$\dot{I}_{U1} = \frac{1}{3}(\dot{I}_U + a^2\dot{I}_V + a\dot{I}_W) \tag{5.81}$$

$$\dot{I}_{U2} = \frac{1}{3}(\dot{I}_U + a\dot{I}_V + a^2\dot{I}_W) \tag{5.82}$$

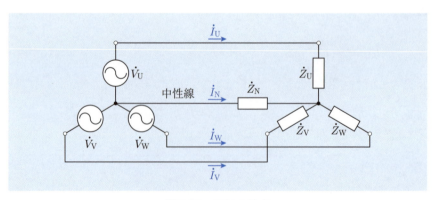

図 5.18 三相4線式

例題 5.8　三相 4 線式交流回路の電流とインピーダンス

図 5.18 のような三相 4 線式の交流回路において，負荷抵抗が全て R，中性線抵抗が R_N であるときの各線の電流を求めよ．ただし，三相交流電源の正相電圧を $\dot{V}_1$，逆相電圧を $\dot{V}_2$，零相電圧を $\dot{V}_0$ とする．

【解答】 正相電流を $\dot{I}_1$，逆相電流を $\dot{I}_2$，零相電流を $\dot{I}_0$ とすると，

$$\dot{I}_1 = \frac{\dot{V}_1}{R} \tag{5.83}$$

$$\dot{I}_2 = \frac{\dot{V}_2}{R} \tag{5.84}$$

$$\dot{I}_0 = \frac{\dot{V}_0}{R + 3R_N} \tag{5.85}$$

となり，各線の電流は次式から求められる．

$$\dot{I}_U = \dot{I}_0 + \dot{I}_1 + \dot{I}_2, \quad \dot{I}_V = \dot{I}_0 + a\dot{I}_1 + a^2\dot{I}_2, \quad \dot{I}_W = \dot{I}_0 + a^2\dot{I}_1 + a\dot{I}_2 \tag{5.86}$$

なお式 (5.83) から式 (5.85) より，**正相インピーダンスが** R，**逆相インピーダンスが** R，**零相インピーダンスが** $R + 3R_N$ である．　■

例題 5.9　U 相と中性線の間に単相負荷が接続された三相回路

図 5.19 に示すように，U 相と中性線 N との間に単相負荷がある．$\dot{I}_N = -\dot{I}_U$, $\dot{I}_V = \dot{I}_W = 0$ の場合の零相電流 $\dot{I}_{U0}$，正相電流 $\dot{I}_{U1}$ と逆相電流 $\dot{I}_{U2}$ を求めよ．

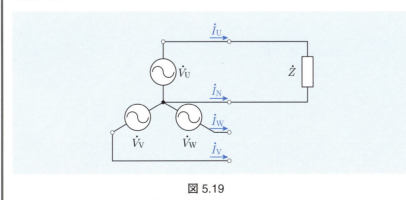

図 5.19

【解答】 $\dot{I}_{U0} = \dot{I}_{U1} = \dot{I}_{U2} = \dfrac{1}{3}\dot{I}_{U}$ (5.87)

となり，各相とも U 相電流の $\frac{1}{3}$ である． ∎

5.3.4 直角二相回路

大きさが等しく，位相が $\frac{1}{4}$ 周期ずれた 2 つの電源を用意し，2 つの同じインピーダンスの負荷に接続して電流を流すと，2 つの負荷の合計電力には脈動がなくなる．このような構成を**直角二相回路**という．モータの回転を円滑にしたり，蛍光灯のちらつきをなくしたりする上で重要である．2 つの電源電圧を $v_1(t)$，$v_2(t)$，負荷に流れる電流を $i_1(t)$, $i_2(t)$ とすると，次式のように表すことができ，瞬時電力 $p(t)$ が一定であることがわかる．

$$v_1(t) = V_a \sin(\omega t + \theta_v) \tag{5.88}$$

$$i_1(t) = I_a \sin(\omega t + \theta_i) \tag{5.89}$$

$$v_2(t) = V_a \sin\left(\omega t + \frac{\pi}{2} + \theta_v\right) \tag{5.90}$$

$$i_2(t) = I_a \sin\left(\omega t + \frac{\pi}{2} + \theta_i\right) \tag{5.91}$$

$$\begin{aligned}
p(t) &= v_1(t)i_1(t) + v_2(t)i_2(t) \\
&= V_a I_a \left\{ \sin(\omega t + \theta_v)\sin(\omega t + \theta_i) \right. \\
&\quad \left. + \sin\left(\omega t + \frac{\pi}{2} + \theta_v\right)\sin\left(\omega t + \frac{\pi}{2} + \theta_i\right) \right\} \\
&= \frac{V_a I_a}{2} \{ -\cos(2\omega t + \theta_v + \theta_i) + \cos(\theta_v - \theta_i) \\
&\quad -\cos(2\omega t + \pi + \theta_v + \theta_i) + \cos(\theta_v - \theta_i) \} \\
&= V_a I_a \cos(\theta_v - \theta_i) \tag{5.92}
\end{aligned}$$

5.4 ひずみ波交流

波形を分類すると，大きく**定常波**と**非定常波**に分けられ，定常波には**直流**と**周期波**がある．さらに周期波でかつ平均値がゼロの波形は，**正弦波**と**非正弦波**に分類でき，周期波でも平均値がゼロとならない波形には**脈流**などがある（図 5.20）．本節では，周期をもった定常波である**ひずみ波交流**について扱う．

$$\begin{cases} 定常波 \begin{cases} 直\ 流 \\ 周期波 \begin{cases} (平均値 = 0) \begin{cases} 正弦波 \\ \\ 非正弦波 \end{cases} \\ (平均値 \neq 0) \cdots 脈流など \end{cases} \end{cases} \\ 非定常波 \end{cases}$$

図 5.20 波形の分類

電圧 $v(t)$ の**周期**が T であるとは，
$$v(t) = v(t - T) \tag{5.93}$$
の関係があることである．周期 T の正弦波交流電圧は，
$$v(t) = \sqrt{2}\,V \sin\left(\frac{2\pi t}{T} + \theta_v\right) \tag{5.94}$$
である．T が周期であれば，nT（n は 2 以上の整数）もまた周期といえる．$\frac{T}{n}$ が周期である正弦波
$$v_n(t) = \sqrt{2}\,V_n \sin\left(\frac{2n\pi t}{T} + \theta_{vn}\right) \tag{5.95}$$
は周期 T をもち，
$$v_0(t) = V_0 \tag{5.96}$$
も式 (5.93) を満足している．したがって，それらの和である
$$v(t) = V_0 + \sum_{n=1}^{\infty} \sqrt{2}\,V_n \sin\left(\frac{2n\pi t}{T} + \theta_{vn}\right) \tag{5.97}$$
は周期 T の関数である．

無限項の和である式 (5.97) は V_0, V_n, θ_{vn} を適切に与えることによって周期 T の関数を表すことができ，各定数は一義的に定まる．

式 (5.97) の V_0 は直流分であり，$v(t)$ の平均値である．

$n=1$ の波形成分 $\sqrt{2}\,V_1\sin\left(\frac{2\pi t}{T}+\theta_{v1}\right)$ は基本波分であり，周期 T をもつ．$n \geq 2$ の波形成分 $\sqrt{2}\,V_n\sin\left(\frac{2n\pi t}{T}+\theta_{vn}\right)$ は第 n 調波であり，周期が $\frac{T}{n}$，周波数が基本周波数の n 倍の成分である．これらの成分を**高調波**という．

式 (5.97) では各成分を実効値 V_n と位相角 θ_{vn} で表現していたが，sin 成分と cos 成分で表すこともできる．

$$v(t) = V_0 + \sum_{n=1}^{\infty} \sqrt{2}(V_{sn}\sin n\omega t + V_{cn}\cos n\omega t) \tag{5.98}$$

周期波を式 (5.97) や式 (5.98) のように表現することを，**フーリエ級数展開**という．

V_0 と各高調波成分の係数 V_{sn} と V_{cn} は，以下のように求めることができる．

$$\sqrt{2}\,V_{sn} = \frac{2}{T}\int_0^T v(t)\sin n\omega t\, dt \tag{5.99}$$

$$\sqrt{2}\,V_{cn} = \frac{2}{T}\int_0^T v(t)\cos n\omega t\, dt \tag{5.100}$$

$$V_0 = \frac{1}{T}\int_0^T v(t)dt \tag{5.101}$$

これらは三角関数の積分に関する以下の公式を使って導出することができる．

$$\int_0^{2\pi} \sin mx \sin nx\, dx = \begin{cases} \pi & (m=n\neq 0) \\ 0 & (m\neq n) \end{cases} \tag{5.102}$$

$$\int_0^{2\pi} \cos mx \cos nx\, dx = \begin{cases} \pi & (m=n\neq 0) \\ 0 & (m\neq n) \end{cases} \tag{5.103}$$

$v(t)$ が奇関数のときは $v(t) = -v(-t)$ であるので，sin 成分だけで $v(t)$ を表現できる．一方，偶関数のときは $v(t) = v(-t)$ であるので，cos 成分だけで表現される．

$v(t)$ はまた，次のように**複素フーリエ級数**で展開してもよい．

$$v(t) = \cdots + c_{-2}e^{-j2\omega t} + c_{-1}e^{-j\omega t} + c_0 + c_1 e^{j\omega t} + c_2 e^{j2\omega t} + \cdots \tag{5.104}$$

係数 c_n は次式より求められる．

$$c_n = \frac{1}{T}\int_0^t v(t)e^{-jn\omega t}dt \tag{5.105}$$

もし, $v(t)$ が実数値をとる関数である場合, $c_{-n} = \overline{c}_n$ である. ここで $\overline{c}_n$ は c_n の複素共役である.

例題 5.10　方形波のフーリエ級数展開

図 5.21 のような波形の $v(t)$ をフーリエ級数に展開せよ.

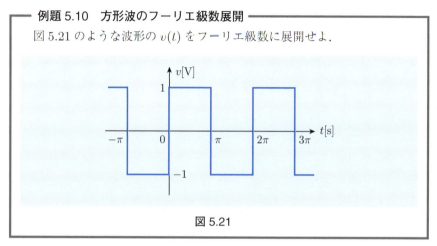

図 5.21

【解答】　$v(t)$ は周期 2π の関数であるので

$$v(t) = a_0 + \sum_{n=1}^{\infty}(a_n\cos nt + b_n\sin nt)$$

とおける. また, $v(t)$ は奇関数であるので,

$$a_0 = 0 \tag{5.106}$$

$$a_n = 0 \quad (n \geq 1) \tag{5.107}$$

$$\begin{aligned}
b_n &= \frac{2}{T}\int_{-\frac{T}{2}}^{\frac{T}{2}} v(t)\sin nt\,dt \\
&= \frac{4}{T}\int_0^{\frac{T}{2}} v(t)\sin nt\,dt \\
&= \frac{4}{T}\int_0^{\frac{T}{2}} \sin nt\,dt = -\frac{4}{T}\left.\frac{\cos nt}{n}\right|_0^{\frac{T}{2}}
\end{aligned}$$

$$= \frac{4}{nT}\{1-(-1)^n\}$$
$$= \begin{cases} 0 & (n:偶数) \\ \dfrac{8}{nT} & (n:奇数) \end{cases} \tag{5.108}$$

したがって,
$$v(t) = \frac{4}{\pi}\left(\sin t + \frac{1}{3}\sin 3t + \frac{1}{5}\sin 5t + \cdots\right) \tag{5.109}$$

複素フーリエ級数に展開すると,
$$c_n = \frac{1}{T}\left(-\int_{-\frac{T}{2}}^{0} e^{-jnt}dt + \int_{0}^{\frac{T}{2}} e^{-jnt}dt\right)$$
$$= \frac{1}{jnT}\left(e^{-jnt}\Big|_{\frac{T}{2}}^{0} - e^{-jnt}\Big|_{0}^{\frac{T}{2}}\right)$$
$$= \frac{1}{jnT}[\{1-(-1)^n\} - \{(-1)^n - 1\}]$$
$$= \begin{cases} 0 & (n:偶数) \\ \dfrac{4}{jnT} & (n:奇数) \end{cases} \tag{5.110}$$

であるので,
$$v(t) = \frac{2}{j\pi}\left(\cdots - \frac{1}{3}e^{-j3t} - e^{jt} + e^{jt} + \frac{1}{3}e^{j3t} + \cdots\right) \tag{5.111}$$

となる.

補足 式 (5.108) あるいは式 (5.111) をみると, 偶数次の項が 1 つも無いことがわかる. これは, 半周期ずらして和をとるとゼロになるような対称性をもった波形, つまり
$$v(t) = -v\left(t - \frac{T}{2}\right) \tag{5.112}$$
の場合に一般に得られる性質である.

5.4 ひずみ波交流

電圧源や電流源が正弦波でなくても，周期関数であれば，それらをフーリエ級数で表し，重ね合わせの定理を適用することによって，電気回路の状態を求めることができる．

また，全電力は各成分の電力の和となる．つまり，

$$v(t) = V_0 + \sum_{n=1}^{\infty} \sqrt{2}\, V_n \sin\left(\frac{2n\pi t}{T} + \theta_{vn}\right) \tag{5.113}$$

$$i(t) = I_0 + \sum_{n=1}^{\infty} \sqrt{2}\, I_n \sin\left(\frac{2n\pi t}{T} + \theta_{in}\right) \tag{5.114}$$

の場合，平均電力 P は

$$P = V_0 I_0 + \sum_{n=1}^{\infty} V_n I_n \cos(\theta_{vn} - \theta_{in}) \tag{5.115}$$

となる．

電圧 $v(t)$ と電流 $i(t)$ の実効値は，

$$V = \left(\sum_{n=0}^{\infty} V_n^2\right)^{\frac{1}{2}} \tag{5.116}$$

$$I = \left(\sum_{n=0}^{\infty} I_n^2\right)^{\frac{1}{2}} \tag{5.117}$$

で求められ，負荷の力率は $\frac{P}{VI}$ である．

波形がどの程度正弦波に近いかを示すパラメータとして，**波形率**と**ひずみ率**がある．波形率とは実効値と|平均値|との比であり，正弦波の場合は $\frac{\pi}{2\sqrt{2}} \fallingdotseq 1.11$ であり，方形波の場合は1である．また，ひずみ率は直流分のない場合について定義され，高調波の実効値 $\left(\sum_{n=2}^{\infty} V_n^2\right)^{\frac{1}{2}}$ と基本波の実効値 V_1 との比である．したがって，正弦波の場合 0，方形波の場合約 0.48 になる．

例題 5.11　*RC* 直列回路とひずみ波交流

図 5.22 のように，RC 直列回路に電圧源 $v(t)$ が接続された回路において，電圧源 $v(t)$ の波形が図 5.21 のような周期関数であったとき，キャパシタの両端の電圧 $v_C(t)$ をフーリエ級数で表せ．

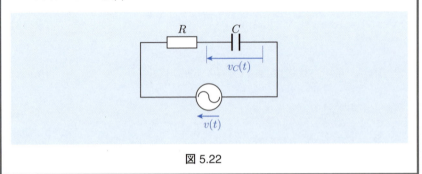

図 5.22

【解答】　もし，$v(t)$ が $ae^{j\omega t}$ とすると，

$$v_C(t) = \frac{1}{1+j\omega CR}ae^{j\omega t} \tag{5.118}$$

である．

図 5.21 に示す波形の電圧源 $v(t)$ は，例題 5.10 より，

$$v(t) = \frac{2}{j\pi}\sum_{n=-\infty}^{\infty}\frac{1}{2n+1}e^{j(2n+1)t} \tag{5.119}$$

となるので，重ね合わせの定理により，

$$v_C(t) = \frac{2}{j\pi}\sum_{n=-\infty}^{\infty}\frac{1}{(2n+1)\{1+j(2n+1)CR\}}e^{j(2n+1)t} \tag{5.120}$$

となる．

補足　上の問題で求めた解の式は次の式に変換できる．

$$v_C(t) = \begin{cases} -ae^{-\alpha t} + (1-e^{-\alpha t}) & (0 \leq t \leq \pi) \\ ae^{-\alpha(t-\pi)} - (1-e^{-\alpha(t-\pi)}) & (\pi \leq t \leq 2\pi) \end{cases} \tag{5.121}$$

ただし，

$$\alpha = \frac{1}{CR}, \quad a = \frac{1-e^{-\alpha\pi}}{1+e^{-\alpha\pi}} \tag{5.122}$$

5章の問題

□**1** (**変圧器**) 図の回路において,一次側と二次側の共振角周波数は一致していて,ω_0 であるとする.一次側と二次側の結合係数 k を変化させたとき,共振時の二次側電流 $\dot{I}_2$ の大きさが最大となる条件と,そのときの $\dot{I}_2$ を求めよ.ここで結合係数 k は $\frac{M}{\sqrt{L_1 L_2}}$ で与えられる.

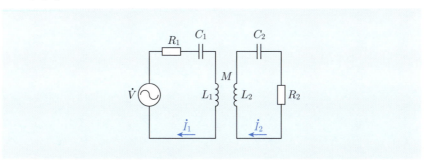

□**2** (**交流電力**) 図の回路を交流電源に接続して通電したところ,全体の皮相電力は 1500 W であった.有効電力と無効電力,および力率を求めよ.

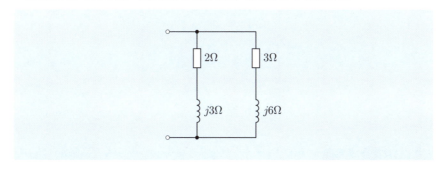

□**3** (**三相回路**) 図に示すように,対称三相交流電源のU相とV相の間に抵抗$10\,\Omega$とキャパシタンス$-j10\,\Omega$を直列接続した負荷が接続され,W相は開放になっている.端子OとCの間の電圧$V_{\rm OC}$を求めよ.電源の相間電圧を$200\,{\rm V}$(実効値)とし,U相電圧の位相を基準に考える.

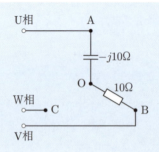

□**4** (**三相回路**) 図に示すように,インピーダンス$\dot Z$のY形負荷に,単相交流電源$\dot V$から対称三相電圧を供給したい.インピーダンス$\dot Z_1$と$\dot Z_2$をどのように設定すればよいか求めよ.

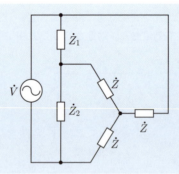

□**5** (**ひずみ波交流**) 図に示すような鋸歯状波電圧$v(t)$をRL直列回路に印加したときに,抵抗Rで消費される電力を求めよ.

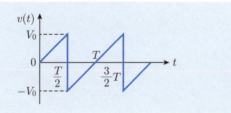

問題解答

第1章

1 (閉路方程式) $1\,\Omega$

2 (直流回路)

(a) $\quad i = 10 - (10+4) \times \dfrac{3}{4+3} = 10 - 6 = 4\,[\mathrm{A}]$

$\quad v = 4 \times 6 = 24\,[\mathrm{V}]$

(b) $i_2 = -(10+4+2) = -16\,[\mathrm{A}]$

抵抗の電圧は $4\,\Omega$ が $4(10-i)$, $3\,\Omega$ が $3(i+4)$, $R=1\,[\Omega]$ が $12-i$ であるので，次式が成立しなければならない．

$$4(10-i) + 12 - i = 3(i+4), \quad \therefore \quad i = 5\,[\mathrm{A}]$$

$3\,\Omega$ の抵抗の両端の電圧 v は，$v = 3(i+4) = 27\,[\mathrm{V}]$

3 (Y–Δ 変換) 下図のように，Y–Δ 変換を使って回路を変換していくと，

$$R_{\mathrm{AC}} = 1.5 + 1 + \dfrac{(1.5+6) \times (3+2)}{(1.5+6) + (3+2)} = 5.5\,[\Omega]$$

$$V_{\mathrm{BC}} = \dfrac{110}{5.5} \times \dfrac{(3+2)}{(1.5+6) + (3+2)} \times 6 = 20 \times \dfrac{5}{12.5} \times 6 = 48\,[\mathrm{V}]$$

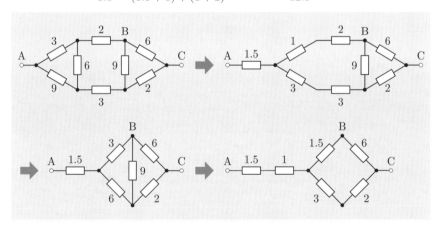

4（ブリッジ回路）この回路は右図のようにブリッジ回路になっていて，$R_1 R_2 = R^2$ の関係が成立しているとき，中央の抵抗 R には電流が流れないので，

$$v_1 = \frac{R}{R_2 + R} v$$

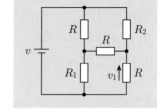

5（合成抵抗）端子 A からの入力電流と端子 B からの出力電流を I とする。回路は対称性があるので，下図のように各電流をおくことができ，それらの間には以下の式が成立する。

$$i_1 R + (i_1 - i_2)R = (I - i_1)R + (I - i_1 - i_3)R$$
$$i_2 R + (i_2 - i_3)R = (i_1 - i_2)R + (I - 2i_2)R$$
$$2i_3 R = (i_2 - i_3)R + (I - i_1 - i_3)R$$

したがって，次の閉路方程式が得られる。

$$\begin{cases} 4i_1 - i_2 + i_3 = 2I \\ -i_1 + 5i_2 - i_3 = I \\ i_1 - i_2 + 4i_3 = I \end{cases}$$

これを解くと，

$$i_1 = \frac{37}{69}I, \quad i_2 = \frac{24}{69}I, \quad i_3 = \frac{14}{69}I$$

AB 間の電圧を求めると，

$$V_{AB} = i_1 R + i_2 R + 2i_3 R + (I - i_1)R = \left(\frac{24}{69}I + 2\frac{14}{69}I + I \right) R = \frac{121}{69} IR$$

$$\therefore \quad R_{AB} = \frac{V_{AB}}{I} = \frac{121}{69} R$$

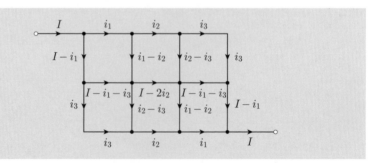

第2章

1 (閉路方程式) 問題の回路は下図のように描くことができる．図中に示すように閉路電流を定義すると，対称性から $i_2 = i_4$ となるので，次の閉路方程式が得られる．

$$\begin{cases} 15i_1 - 10i_2 = 10 \\ -5i_1 + 15i_2 - 5i_3 = 0 \\ -10i_2 + 15i_3 = 0 \end{cases}$$

これを解くと，

$$i_1 = 0.93, \quad i_2 = i_4 = 0.4, \quad i_3 = 0.27$$

したがって，

$$I_1 = i_4 - i_3 = 0.4 - 0.27 = 0.13\,[\text{A}]$$

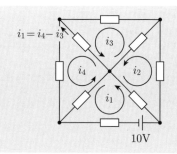

2 (節点方程式) 下図に示すように節点電圧を定義すると，対称性から $v_3 = -v_2$, $v_4 = -v_1$ となるので，次の節点方程式が得られる．

$$\begin{cases} 0.4v_1 - 0.2v_2 = 1 \\ -0.2v_1 + 0.8v_2 = 0 \end{cases}$$

これを解くと，

$$v_2 = -v_3 = 0.71\,[\text{V}], \quad v_1 = -v_4 = 2.86\,[\text{V}]$$

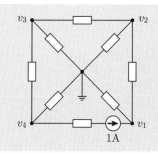

3（電圧源と電流源を含む回路）下図に示すように閉路電流と節点電圧を定義すると，次の閉路方程式と節点方程式が得られる．

$$\begin{cases} 11i_1 - 4i_2 = 10 \\ -4i_1 + 7i_2 = 3 \end{cases}$$

$$\begin{cases} \dfrac{7}{10}v_1 - \dfrac{1}{5}v_2 = -2 \\ -\dfrac{1}{5}v_1 + \dfrac{47}{60}v_2 = 1 \end{cases}$$

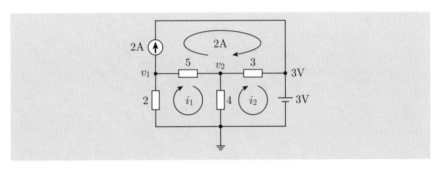

4（電圧源と電流源の等価性）i_0 は端子を短絡したときの電流になるので，

$$i_0 = \frac{V_1 + V_2}{R_1 + R_2} + \frac{V_3}{R_3} + I_4$$

R_0 は電圧源を短絡，電流源を開放したときの端子間抵抗であるので，

$$R_0 = \frac{(R_1 + R_2)R_3}{R_1 + R_2 + R_3}$$

また，v_0 は $v_0 = R_0 i_0$ より求まる．

$$v_0 = \frac{V_1 R_3 + V_2 R_3 + V_3(R_1 + R_2) + I_4(R_1 + R_2)R_3}{V_1 + R_2 + R_3}$$

5（回路方程式の一般表現）次ページ図に示すように枝番号と節点番号，閉路電流番号をつける．枝の向きも図のように定義する．

(a) 接続行列 $A = \begin{bmatrix} -1 & 0 & 0 & -1 & 0 & -1 \\ 0 & -1 & 0 & 1 & -1 & 0 \\ 0 & 0 & -1 & 0 & 1 & 1 \\ 1 & 1 & 1 & 0 & 0 & 0 \end{bmatrix}$

閉路行列 $B = \begin{bmatrix} -1 & 1 & 0 & 1 & 0 & 0 \\ 0 & -1 & 1 & 0 & 1 & 0 \\ 0 & 0 & 0 & -1 & -1 & 1 \end{bmatrix}$

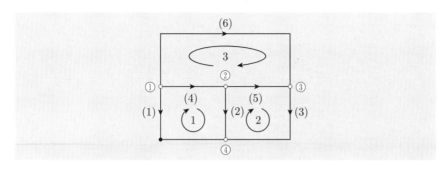

(b) $A\boldsymbol{i}=0$ は, $\boldsymbol{i}$ が枝電流ベクトルであるので, 次式の通りキルヒホッフの第一法則に一致する.

$$\begin{cases} -i_1 - i_4 - i_6 = 0 \\ -i_2 + i_4 - i_5 = 0 \\ -i_3 + i_5 + i_6 = 0 \\ i_1 + i_2 + i_3 = 0 \end{cases}$$

$B\boldsymbol{e}=0$ は, $\boldsymbol{e}$ が枝電圧ベクトルであるので, 次式の通り, キルヒホッフの第二法則に一致する.

$$\begin{cases} -e_1 + e_2 + e_4 = 0 \\ -e_2 + e_3 + e_5 = 0 \\ -e_4 - e_5 + e_6 = 0 \end{cases}$$

(c)

$$\text{抵抗行列 } R = \begin{bmatrix} 2 & 0 & 0 & 0 & 0 & 0 \\ 0 & 4 & 0 & 0 & 0 & 0 \\ 0 & 0 & 0 & 0 & 0 & 0 \\ 0 & 0 & 0 & 5 & 0 & 0 \\ 0 & 0 & 0 & 0 & 3 & 0 \\ 0 & 0 & 0 & 0 & 0 & 0 \end{bmatrix},$$

$$\text{枝電圧源ベクトル } \boldsymbol{e}_S = \begin{bmatrix} 0 \\ 0 \\ -3 \\ 0 \\ 0 \\ 3 - v_1 \end{bmatrix}$$

ただし, $3 - v_1$ は 2A の電流源の両端 (枝 (6)) に結果的に発生する電圧である.

$$BRB^T\bm{j} = \begin{bmatrix} -1 & 1 & 0 & 1 & 0 & 0 \\ 0 & -1 & 1 & 0 & 1 & 0 \\ 0 & 0 & 0 & -1 & -1 & 1 \end{bmatrix} \begin{bmatrix} 2 & 0 & 0 & 0 & 0 & 0 \\ 0 & 4 & 0 & 0 & 0 & 0 \\ 0 & 0 & 0 & 0 & 0 & 0 \\ 0 & 0 & 0 & 5 & 0 & 0 \\ 0 & 0 & 0 & 0 & 3 & 0 \\ 0 & 0 & 0 & 0 & 0 & 0 \end{bmatrix} \begin{bmatrix} -1 & 0 & 0 \\ 1 & -1 & 0 \\ 0 & 1 & 0 \\ 1 & 0 & -1 \\ 0 & 1 & -1 \\ 0 & 0 & 1 \end{bmatrix} \begin{bmatrix} j_1 \\ j_2 \\ j_3 \end{bmatrix}$$

$$= \begin{bmatrix} 11 & -4 & -5 \\ -4 & 7 & -3 \\ -5 & -3 & 8 \end{bmatrix} \begin{bmatrix} j_1 \\ j_2 \\ j_3 \end{bmatrix}$$

$$B\bm{e}_s = \begin{bmatrix} -1 & 1 & 0 & 1 & 0 & 0 \\ 0 & -1 & 1 & 0 & 1 & 0 \\ 0 & 0 & 0 & -1 & -1 & 1 \end{bmatrix} \begin{bmatrix} 0 \\ 0 \\ -3 \\ 0 \\ 0 \\ 3-v_1 \end{bmatrix} = \begin{bmatrix} 0 \\ -3 \\ 3-v_1 \end{bmatrix}$$

$BRB^T\bm{j} = B\bm{e}_s$, $j_3 = 2$ より,

$$\begin{cases} 11j_1 - 4j_2 = 10 \\ -4j_1 + 7j_2 = 3 \\ -5j_1 - 3j_2 = -v_1 - 13 \end{cases}$$

が得られる. j_1 と j_2 は第 1 式と第 2 式から求められ, 問題 3 で求めた閉路方程式に一致する.

コンダクタンス行列 $G = \begin{bmatrix} \frac{1}{2} & 0 & 0 & 0 & 0 & 0 \\ 0 & \frac{1}{4} & 0 & 0 & 0 & 0 \\ 0 & 0 & 0 & 0 & 0 & 0 \\ 0 & 0 & 0 & \frac{1}{5} & 0 & 0 \\ 0 & 0 & 0 & 0 & \frac{1}{3} & 0 \\ 0 & 0 & 0 & 0 & 0 & 0 \end{bmatrix}$,

枝電流源ベクトル $\bm{i}_S = \begin{bmatrix} 0 \\ 0 \\ j_2 \\ 0 \\ 0 \\ 2 \end{bmatrix}$

$$AGA^T\boldsymbol{v} = \begin{bmatrix} -1 & 0 & 0 & -1 & 0 & -1 \\ 0 & -1 & 0 & 1 & -1 & 0 \\ 0 & 0 & -1 & 0 & 1 & 1 \\ 1 & 1 & 1 & 0 & 0 & 0 \end{bmatrix} \begin{bmatrix} \frac{1}{2} & 0 & 0 & 0 & 0 & 0 \\ 0 & \frac{1}{4} & 0 & 0 & 0 & 0 \\ 0 & 0 & 0 & 0 & 0 & 0 \\ 0 & 0 & 0 & \frac{1}{5} & 0 & 0 \\ 0 & 0 & 0 & 0 & \frac{1}{3} & 0 \\ 0 & 0 & 0 & 0 & 0 & 0 \end{bmatrix} \begin{bmatrix} -1 & 0 & 0 & 1 \\ 0 & -1 & 0 & 1 \\ 0 & 0 & -1 & 1 \\ -1 & 1 & 0 & 0 \\ 0 & -1 & 1 & 0 \\ -1 & 0 & 1 & 0 \end{bmatrix} \begin{bmatrix} v_1 \\ v_2 \\ v_3 \\ v_4 \end{bmatrix}$$

$$= \begin{bmatrix} \frac{7}{10} & -\frac{1}{5} & 0 & -\frac{1}{2} \\ -\frac{1}{5} & \frac{17}{60} & -\frac{1}{3} & -\frac{1}{4} \\ 0 & -\frac{1}{3} & \frac{1}{3} & 0 \\ -\frac{1}{2} & -\frac{1}{4} & 0 & \frac{3}{4} \end{bmatrix} \begin{bmatrix} v_1 \\ v_2 \\ v_3 \\ v_4 \end{bmatrix}$$

$$A\boldsymbol{i}_S = \begin{bmatrix} -1 & 0 & 0 & -1 & 0 & -1 \\ 0 & -1 & 0 & 1 & -1 & 0 \\ 0 & 0 & -1 & 0 & 1 & 1 \\ 1 & 1 & 1 & 0 & 0 & 0 \end{bmatrix} \begin{bmatrix} 0 \\ 0 \\ i_2 \\ 0 \\ 0 \\ 2 \end{bmatrix}$$

$$= \begin{bmatrix} -2 \\ 0 \\ 2 - j_2 \\ j_2 \end{bmatrix}$$

$AGA^T\boldsymbol{v} = A\boldsymbol{i}_S$, $v_3 = 3$, $v_4 = 0$ より,

$$\begin{cases} \dfrac{7}{10}v_1 - \dfrac{1}{5}v_2 = -2 \\ -\dfrac{1}{5}v_1 + \dfrac{47}{60}v_2 = 1 \\ -\dfrac{1}{3}v_2 = 1 - j_2 \\ -\dfrac{1}{2}v_1 - \dfrac{1}{4}v_2 = j_2 \end{cases}$$

が得られる. v_1 と v_2 は第 1 式と第 2 式から求められ, 問題 3 で求めた節点方程式に一致する.

第 3 章

1 (重ね合わせの定理) 電圧源 V のみ存在し, 電流源は開放したとき, R_4 に流れる電流 I_{4a} は,

$$I_{4a} = \frac{V}{\frac{(R_1+R_3)R_2}{R_1+R_3+R_2} + R_4} = \frac{(R_1+R_2+R_3)V}{(R_1+R_3)R_2 + (R_1+R_2+R_3)R_4}$$

電流源 I のみ存在し，電圧源は短絡したとき，R_4 に流れる電流 I_{4b} は，

$$I_{4b} = I \frac{R_1}{\frac{R_2 R_4}{R_2+R_4} + R_3 + R_1} \frac{R_2}{R_2+R_4} = \frac{R_1 R_2 I}{R_2 R_4 + (R_1+R_3)(R_2+R_4)}$$

求める電流 I_4 は，重ね合わせの定理に基づき，次式から求められる．

$$I_4 = I_{4a} + I_{4b}$$

2（鳳–テブナンの定理）AB 間の抵抗 $7\,\Omega$ と電圧源 $5\,\mathrm{V}$ は外し，電流源 $18\,\mathrm{A}$ を開放したときの，AB 間の抵抗を求めると，

$$R_0 = \frac{(5+4)\times(3+6)}{(5+4)+(3+6)} = \frac{81}{18} = 4.5\,[\Omega]$$

AB 間の抵抗 $7\,\Omega$ と電圧源 $5\,\mathrm{V}$ は外したときの AB 間の電圧 V_{AB} は，

$$V_{\mathrm{AC}} = 18 \times \frac{4+6}{(5+3)+(4+6)} \times 3 = 30$$

$$V_{\mathrm{BC}} = 18 \times \frac{5+3}{(5+3)+(4+6)} \times 6 = 48$$

$$V_{\mathrm{AB}} = V_{\mathrm{AC}} - V_{\mathrm{BC}} = 30 - 48 = -18\,[\mathrm{V}]$$

したがって，回路は下図のように書くことができ，電流 I は，

$$I = \frac{18+5}{4.5+7} = \frac{23}{11.5} = 2\,[\mathrm{A}]$$

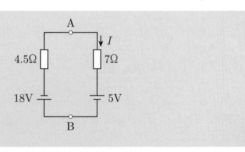

3（ノートンの定理）電圧源を短絡して AB 間の等価抵抗を求めると，

$$R_{\mathrm{AB}} = \frac{4\times 5}{4+5} + \frac{5\times 10}{5+10} = \frac{50}{9} = 5.55\,[\Omega]$$

AB 間の電圧を求めると，

$$V_{AB} = V_A - V_B$$
$$= 10 \times \frac{5}{9} - (-15) \times \frac{10}{15} = \frac{50}{9} + 10 = \frac{140}{9} \, [\text{V}]$$

したがって，等価電流源は，

$$I_0 = \frac{V_{AB}}{R_{AB}} = \frac{\frac{140}{9}}{\frac{50}{9}} = \frac{14}{5} = 2.8 \, [\text{A}]$$

$$G_0 = \frac{1}{R_{AB}} = \frac{9}{50} = 0.18 \, [\text{S}]$$

4 （補償の定理） ブリッジ回路が平衡状態にあるとき，抵抗 R_1 に流れる電流 I_1 は，

$$I_1 = \frac{V}{R_1 + R_3}$$

$\Delta R = R_5 - R_1$ とすると，求めるべき電流 I は，補償の定理より，下図の回路で電流計に流れる電流に等しい（電圧源 V を短絡して，R_5 と直列に電圧源 $I_1 \Delta R$ を挿入したときに電流計に流れる電流を求めればよい）．

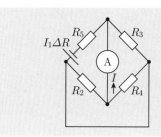

$$I = \frac{I_1 \Delta R}{R_5 + \frac{1}{\frac{1}{R_2} + \frac{1}{R_3} + \frac{1}{R_4}}} \frac{R_3}{R_3 + \frac{R_2 R_4}{R_2 + R_4}}$$
$$= \frac{\Delta R R_3 (R_2 + R_4) V}{\{R_5(R_2 R_3 + R_3 R_4 + R_4 R_2) + R_2 R_3 R_4\}(R_1 + R_3)}$$

5 （相反の定理） 鳳–テブナンの定理により，抵抗 $5\,\Omega$ を外したときの端子 AB からみた等価抵抗 R_0 は，$10\,\Omega$ の抵抗が寄与しないので，

$$R_0 = \frac{(20+50) \times (100+250)}{(20+50) + (100+250)} = \frac{24500}{420} = 58.33 \, [\Omega]$$

等価電圧源 V_0 は，

$$V_{AC} = 10 - \frac{10}{(20+100) + \frac{(50+250) \times 10}{(50+250)+10}} \times 100$$

$$= 10 - \frac{3100}{40200} \times 100 = \frac{460}{201} \,[\text{V}]$$

$$V_{BC} = \frac{3100}{40200} \frac{10}{(50+250)+10} \times 250 = \frac{125}{201} \,[\text{V}]$$

$$V_{AB} = V_{AC} - V_{CB} = \frac{460}{201} - \frac{125}{201} = \frac{335}{201} = 1.667 \,[\text{V}]$$

したがって，電流 I は，

$$I = \frac{1.667}{58.33 + 5} = 0.0263 \,[\text{A}]$$

続いて，下図の回路で $100\,\Omega$ の抵抗に流れる電流を求める．

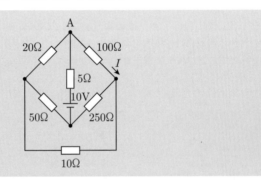

閉路方程式は以下の通り．

$$\begin{cases} 355i_1 - 5i_2 - 250i_3 = 10 \\ -5i_1 + 75i_2 - 50i_3 = -10 \\ -250i_1 - 50i_2 + 310i_3 = 0 \end{cases}$$

したがって，電流 I は，

$$I = i_1 = \frac{\begin{vmatrix} 10 & -5 & -250 \\ -10 & 75 & -50 \\ 0 & -50 & 310 \end{vmatrix}}{\begin{vmatrix} 355 & -5 & -250 \\ -5 & 75 & -50 \\ -250 & -50 & 310 \end{vmatrix}} = \frac{67000}{2546000} = 0.0263 \,[\text{A}]$$

相反の定理が成立していることが確かめられた．

第4章

1 (RLC 直列共振回路)

(a) 回路に流れる電流は以下のように求められる.

$$\dot{I} = \frac{50}{5+j3+10+\frac{1}{j2\pi 50 C}} = \frac{50}{15+j\left(3-\frac{1}{100\pi C}\right)} \text{ [A]}$$

抵抗での消費電力が最大になるのは電流が最大のときであり, 共振時にそれが得られる. したがって,

$$C = \frac{1}{300\pi} = 1.06 \times 10^{-3} \text{ [F]}$$

そのときの電流は $\frac{10}{3}$ [A] であり, 消費電力は,

$$P = 10 \times \left(\frac{10}{3}\right)^2 = \frac{1000}{9} = 111 \text{ [W]}$$

(b) 端子電圧 V_C は次式で与えられる.

$$|\dot{V}_C| = \left|\frac{1}{j\omega C}\dot{I}\right| = \left|\frac{1}{j2\pi 50 C}\frac{50}{15+j\left(3-\frac{1}{100\pi C}\right)}\right|$$
$$= \left|\frac{1}{j100\pi C}\frac{50}{15+j\left(3-\frac{1}{100\pi C}\right)}\right|$$

分母が最小のときに V_C は最大になる. 分母は,

$$\left|j100\pi C\left\{15+j\left(3-\frac{1}{100\pi C}\right)\right\}\right| = |j1500\pi C + 1 - 300\pi C|$$
$$= \sqrt{(1-300\pi C)^2 + (1500\pi C)^2} = 1 - 600\pi C + 2340000\pi^2 C^2$$

であるので, これは

$$C = \frac{600\pi}{2 \times 2340000\pi^2} = \frac{3}{23400\pi} = \frac{1}{7800\pi}$$
$$= 40.8 \times 10^{-6} = 40.8 \text{ [μF]}$$

のときに最小になり, 分母は,

$$-\frac{(-600\pi)^2}{4 \times 2340000\pi^2} + 1 = \frac{25}{26}$$

になる. したがって, 端子電圧 V_C の最大値は

$$50 \times \frac{26}{25} = 52 \text{ [V]}$$

2 (RLC 直列共振回路と Q 値)

共振時 $\omega_0 = \dfrac{1}{\sqrt{LC}}$

(a) $I_1 = I_2$ であるので，ω_1 と ω_2 に対するインピーダンスの大きさが等しい．

$$\sqrt{R^2 + \left(\omega_1 L - \frac{1}{\omega_1 C}\right)^2} = \sqrt{R^2 + \left(\omega_2 L - \frac{1}{\omega_2 C}\right)^2}$$

$$\therefore \left(\omega_1 L - \frac{1}{\omega_1 C}\right)^2 = \left(\omega_2 L - \frac{1}{\omega_2 C}\right)^2$$

$\omega_1 < \omega_0 < \omega_2$ であるので，

$$\omega_1 L - \frac{1}{\omega_1 C} = -\left(\omega_2 L - \frac{1}{\omega_2 C}\right)$$

$$\therefore (\omega_1 + \omega_2) L = \frac{1}{C}\left(\frac{1}{\omega_1} + \frac{1}{\omega_2}\right) = \frac{1}{C}\frac{\omega_1 + \omega_2}{\omega_1 \omega_2}$$

$$\therefore LC = \frac{1}{\omega_1 \omega_2}$$

したがって，$\omega_0^2 = \omega_1 \omega_2$

(b) 角周波数 ω で電流の大きさが I のとき，

$$\frac{I}{I_0} = \frac{R}{\sqrt{R^2 + (\omega L - \frac{1}{\omega C})^2}} = \frac{1}{\sqrt{1 + \left(\frac{\omega L}{R} - \frac{1}{\omega C R}\right)^2}}$$

$\omega = \omega_1, \omega_2$ のとき，$\dfrac{I}{I_0} = \dfrac{1}{\sqrt{2}}$ であるので，

$$\frac{\omega L}{R} - \frac{1}{\omega C R} = \pm 1$$

この式より，

$$\omega^2 \pm \frac{R}{L}\omega - \frac{1}{LC} = 0$$

ω について解くと，$\omega = \dfrac{1}{2}\left\{\mp \dfrac{R}{L} + \sqrt{\left(\dfrac{R}{L}\right)^2 + \dfrac{4}{LC}}\right\}$

$\omega_1 < \omega_0 < \omega_2$ であるので，

$$\omega_1 = \frac{1}{2}\left\{-\frac{R}{L} + \sqrt{\left(\frac{R}{L}\right)^2 + \frac{4}{LC}}\right\}, \quad \omega_2 = \frac{1}{2}\left\{+\frac{R}{L} + \sqrt{\left(\frac{R}{L}\right)^2 + \frac{4}{LC}}\right\}$$

$$\therefore \omega_2 - \omega_1 = \frac{R}{L}, \quad \therefore \frac{\omega_0}{\omega_2 - \omega_1} = \frac{\omega_0 L}{R} = Q$$

3 （RLC 回路）

(a) $\dot{Z} = j\omega L + \dfrac{R \cdot \frac{1}{j\omega C}}{R + \frac{1}{j\omega C}} = j\omega L + \dfrac{R}{1+j\omega CR}$

$= \dfrac{(1-\omega^2 LC)R + j\omega L}{1+j\omega CR}$

(b) $\omega L = \frac{1}{2\omega C}$ のとき，

$\dot{Z} = \dfrac{(1-\omega^2 LC)R + j\omega L}{1+j\omega CR} = \dfrac{(1-\omega\frac{1}{2\omega C}C)R + j\frac{1}{2\omega C}}{1+j\omega CR}$

$= \dfrac{\frac{1}{2}R + j\frac{1}{2\omega C}}{1+j\omega CR} = \dfrac{j\frac{1}{2\omega C}(1-j\omega CR)}{1+j\omega CR}$

$= j\dfrac{1}{2\omega C}\dfrac{1-j\omega CR}{1+j\omega CR}$

L に流れる電流 $\dot{I}$ は，

$$\dot{I} = \dfrac{\dot{V}}{\dot{Z}} = -j2\omega C\dfrac{1+j\omega CR}{1-j\omega CR}\dot{V}$$

その大きさは，

$$|\dot{I}| = \left|\dfrac{\dot{V}}{\dot{Z}}\right| = 2\omega C\left|\dfrac{1+j\omega CR}{1-j\omega CR}\right||\dot{V}| = 2\omega C|\dot{V}| = \dfrac{1}{\omega L}|\dot{V}|$$

となり，R に依存しない．

4 （相互インダクタンスを含む交流ブリッジ回路）R_1 に流れる電流を $\dot{I}_1$，R_2 に流れる電流を $\dot{I}_2$ とする．電流計に電流が流れないということは次式が成立しなければならない．

$$R_1\dot{I}_1 = R_2\dot{I}_2$$

また，L_5 に流れる電流は $\dot{I}_1 + \dot{I}_2$ である．条件から次式も成立しなければならない．

$$(R_4 + j\omega L_4)\dot{I}_1 + j\omega M(\dot{I}_1 + \dot{I}_2) = (R_3 + j\omega L_3)\dot{I}_2$$

したがって，

$\left(R_4 + j\omega L_4 + j\omega M + j\omega M\dfrac{R_1}{R_2}\right)\dot{I}_1 = \dfrac{R_1}{R_2}(R_3 + j\omega L_3)\dot{I}_1$

$\therefore\ R_4 + j\omega L_4 + j\omega M + j\omega M\dfrac{R_1}{R_2} = \dfrac{R_1}{R_2}(R_3 + j\omega L_3)$

$\therefore\ R_4 + j\omega\left(L_4 + M + M\dfrac{R_1}{R_2}\right) = \dfrac{R_1}{R_2}R_3 + j\omega\dfrac{R_1}{R_2}L_3$

これが成立するためには，左辺と右辺で実部と虚部が等しいことが必要である．

$$\begin{cases} R_4 = \dfrac{R_1}{R_2} R_3 \\ L_4 + M + M\dfrac{R_1}{R_2} = \dfrac{R_1}{R_2} L_3 \end{cases}$$

したがって,
$$M = \frac{R_1 L_3 - R_2 L_4}{R_1 + R_2}$$

第5章

1 (変圧器) 閉路方程式は次の通りである.
$$\left\{ R_1 + j\left(\omega L_1 - \frac{1}{\omega C_1}\right) \right\} \dot{I}_1 + j\omega M \dot{I}_2 = \dot{V}$$
$$j\omega M \dot{I}_1 + \left\{ R_2 + j\left(\omega L_2 - \frac{1}{\omega C_2}\right) \right\} \dot{I}_2 = 0$$

また,
$$\omega_0 = \frac{1}{\sqrt{L_1 C_1}} = \frac{1}{\sqrt{L_2 C_2}}$$

であるので,$\omega = \omega_0$ のとき,
$$R_1 \dot{I}_1 + j\omega_0 M \dot{I}_2 = \dot{V}, \quad j\omega_0 M \dot{I}_1 + R_2 \dot{I}_2 = 0$$

したがって,
$$\dot{I}_2 = \frac{\begin{vmatrix} R_1 & \dot{V} \\ j\omega_0 M & 0 \end{vmatrix}}{\begin{vmatrix} R_1 & j\omega_0 M \\ j\omega_0 M & R_2 \end{vmatrix}} = \frac{-j\omega_0 M \dot{V}}{R_1 R_2 + \omega_0^2 M^2}$$
$$= \frac{-j\omega_0 k \sqrt{L_1 L_2}\, \dot{V}}{R_1 R_2 + \omega_0^2 k^2 L_1 L_2}$$
$$= -j\frac{\dot{V}}{\omega_0 \sqrt{L_1 L_2}} \frac{k}{k^2 + \frac{R_1}{\omega_0 L_1}\frac{R_2}{\omega_0 L_2}}$$
$$= -j\frac{\dot{V}}{\omega_0 \sqrt{L_1 L_2}} \frac{k}{k^2 + \frac{1}{Q_1 Q_2}}$$

$\frac{k}{k^2+a}$ $(k>0,\ a>0)$ は,$k = \sqrt{a}$ で極大値をとるので,$\dot{I}_2$ の最大値は,
$$k = \frac{1}{\sqrt{Q_1 Q_2}} = \sqrt{\frac{R_1 R_2}{\omega_0^2 L_1 L_2}} = \frac{1}{\omega_0}\sqrt{\frac{R_1 R_2}{L_1 L_2}}$$

のとき,

$$\dot{I}_2 = -j\frac{\dot{V}}{\omega_0\sqrt{L_1L_2}}\frac{k}{k^2 + \frac{R_1}{\omega_0 L_1}\frac{R_2}{\omega_0 L_2}}$$

$$= -j\frac{\dot{V}}{\omega_0\sqrt{L_1L_2}}\frac{\frac{1}{\omega_0}\sqrt{\frac{R_1R_2}{L_1L_2}}}{\frac{R_1R_2}{\omega_0^2 L_1 L_2} + \frac{R_1}{\omega_0 L_1}\frac{R_2}{\omega_0 L_2}}$$

$$= -j\frac{\dot{V}}{2\sqrt{R_1R_2}}$$

$$\therefore \quad |\dot{I}_2| = \frac{|\dot{V}|}{2\sqrt{R_1R_2}}$$

2 (交流電力)

$$\dot{Z} = \frac{(2+j3)\times(3+j6)}{(2+j3)+(3+j6)} = \frac{-12+j21}{5+j9} = \frac{(-12+j21)(5-j9)}{(5+j9)(5-j9)}$$

$$= \frac{129+j213}{106} = 1.217+j2.009$$

$$|\dot{Z}| = \sqrt{1.217^2 + 2.009^2} = 2.349$$

有効電力：$1500 \times \dfrac{1.217}{2.349} = 777\,[\mathrm{W}]$

無効電力：$1500 \times \dfrac{2.009}{2.349} = 1283\,[\mathrm{Var}]$

力率：$\cos\theta = \dfrac{1.217}{2.349} = 0.518$（遅れ）

3 (三相回路)

$$\dot{I}_{\mathrm{AB}} = \frac{1}{10-j10}\frac{200}{\sqrt{3}}(1-e^{j\frac{2\pi}{3}}) = \frac{200}{10-j10}\left(\frac{\sqrt{3}}{2}-j\frac{1}{2}\right)$$

$$V_{\mathrm{OC}} = \left\{\frac{200}{\sqrt{3}} - \dot{I}_{\mathrm{AB}}(-j10)\right\} - \frac{200}{\sqrt{3}}e^{j\frac{4\pi}{3}}$$

$$= 200\left\{\frac{1}{\sqrt{3}} - \frac{1}{10-j10}\left(\frac{\sqrt{3}}{2}-j\frac{1}{2}\right)(-j10) - \frac{1}{\sqrt{3}}e^{j\frac{4\pi}{3}}\right\}$$

$$= 157.7 \times \left(\frac{\sqrt{3}}{2}+j\frac{1}{2}\right) = 157.7 e^{j\frac{\pi}{6}}$$

4 (三相回路) 下図のように Y 形負荷に流れる三相電流を $\dot{I}_\mathrm{a}$, $a\dot{I}_\mathrm{a}$, $a^2\dot{I}_\mathrm{a}$, $a = e^{-j\frac{2\pi}{3}}$ とし，$\dot{Z}_1$ と $\dot{Z}_2$ に流れる電流を $\dot{I}_1$, $\dot{I}_2$ とすると，次の式が得られる．

$$\dot{I}_1 + \dot{I}_2 = a\dot{I}_\mathrm{a}$$

$$\dot{I}_1\dot{Z}_1 = \dot{V}_\mathrm{a}(1-a) = \dot{I}_\mathrm{a}\dot{Z}(1-a), \quad \dot{I}_2\dot{Z}_2 = \dot{V}_\mathrm{a}(a^2-a) = \dot{I}_\mathrm{a}\dot{Z}(a^2-a)$$

したがって，

$$\dot{Z}_1 = \frac{\dot{I}_a}{\dot{I}_1}\dot{Z}(1-a) = \frac{1-a}{\frac{\dot{I}_1}{\dot{I}_a}}\dot{Z}$$

$$\dot{Z}_2 = \frac{\dot{I}_a}{\dot{I}_2}\dot{Z}(a^2-a) = \frac{\dot{I}_a}{a\dot{I}_a - \dot{I}_1}\dot{Z}(a^2-a) = \frac{a^2-a}{a-\frac{\dot{I}_1}{\dot{I}_a}}\dot{Z}$$

$\frac{\dot{I}_1}{\dot{I}_a}$ は任意の複素数をとることができる.

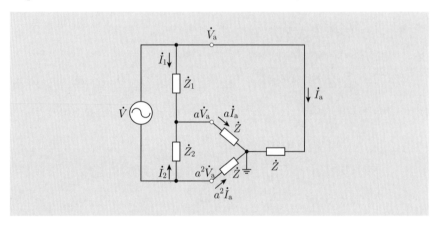

5 (ひずみ波交流) この鋸歯状波は奇関数であり, $0 < t < \frac{T}{2}$ の範囲で, フーリエ級数の係数は以下のように求められる.

$$a_n = \frac{4}{T}\int_0^{\frac{T}{2}} v(t)\sin n\omega t\, dt = \frac{4}{T}\int_0^{\frac{T}{2}} \frac{2V_0}{T}t\sin n\omega t\, dt$$
$$= (-1)^{n+1}\frac{1}{n}\frac{2V_0}{\pi}$$

したがって, 抵抗 R で消費される電力 P は,

$$P = \sum_{n=1}^{\infty}\left(\frac{1}{\sqrt{2}}\frac{2V_0}{n\pi}\frac{1}{\sqrt{R^2+n^2\omega^2 L^2}}\right)^2 R$$
$$= \frac{\sqrt{2}\,RV_0^2}{\pi^2}\sum_{n=1}^{\infty}\frac{1}{n^2R^2+n^4\omega^2 L^2}$$

索　　引

ア　行

アドミタンス　81
網目　21
位相角　74
移相器　90
インダクタ　5
インダクタンス　5, 77
インピーダンス　80
枝　21, 39
オームの法則　4
遅れ力率　105

カ　行

開放電圧　56
回路方程式　28
角周波数　74
重ね合わせの定理　52
木　39
逆起電力　4
逆相インピーダンス　117
逆相電流　114
キャパシタ　6
キャパシタンス　6, 77
共振角周波数　84
共振現象　83
共振条件　85
キルヒホッフの第一法則　22
キルヒホッフの第二法則　22
キルヒホッフの法則　21

グラフ　39
コイル　77
合成コンダクタンス　9
合成抵抗　7, 9
高調波　120
交流電流　3
交流ブリッジ回路　92
コンダクタ　4
コンダクタンス　4, 81
コンデンサ　6, 77

サ　行

サセプタンス　81
三相回路　112
三相3線式　113, 114
三相4線式　113, 116
自己インダクタンス　78
周期　74, 119
周期波　119
周波数　74
瞬時電力　104
振幅　74
進み力率　105
正弦波　119
正弦波交流電源　83
正弦波交流電流　3
正相インピーダンス　117
正相電流　114
静電容量　6
接続行列　40

索　引

節点　21, 39
節点電位　28
節点方程式　28, 48
零相インピーダンス　117
線形系　52
相互インダクタンス　78
双対性　19, 63
相反の定理　64

タ 行

中性線　113
中性点　113
直流　2, 119
直角二相回路　118
抵抗　4, 76, 80
抵抗器　76
定常解　74
定常波　119
Δ接続回路　13
電圧　3
電圧源　3
電圧降下　4
電圧則　21
電気回路　2
電流源　3
電流則　21
電力　3, 17
等価電源の定理　56

ナ 行

内部抵抗　14
ノートンの定理　56, 60

ハ 行

波形率　123
はしご形回路　24

ひずみ波交流　119
ひずみ率　123
非正弦波　119
皮相電力　105, 106
非対称電流　114
非定常波　119
フーリエ級数展開　120
フェーザダイアグラム　106, 115
複素電力　106
複素フーリエ級数　120
ブリッジ回路　8
ブリッジ回路の平衡条件　8
分圧回路　7
分圧比　7
分流回路　10
分流比　10
平均電力　104
閉路　21
閉路行列　40
閉路電流　28
閉路方程式　28, 48
変圧器　100
鳳‒テブナンの定理　56, 57
補木　39
補償の定理　61

マ 行

巻数比　100
脈流　119
無効電流　105
無効電力　106
漏れインピーダンス　102
漏れ磁束　101
漏れリアクタンス　102

ヤ 行

有向グラフ　39
有効電流　105
有効電力　106
有能電力　18, 109

ラ 行

リアクタンス　80
力率　105, 106
理想変圧器　101
励磁インピーダンス　102
零相電流　116

数字・欧字

GLC 並列回路　86
Q 値　84
RLC 共振回路　83
RLC 直列回路　83
RLC 並列回路　86
T 形回路　11
T 形等価回路　103
Y 回路　67
Y 結線　113
Y 接続回路　13
GLC 並列共振回路　87
RLC 並列共振回路　87
Δ 回路　67
Δ 結線　112
π 形回路　12

著者略歴

大崎　博之（おおさき　ひろゆき）
1988 年　東京大学大学院工学系研究科博士課程修了，工学博士
1988 年　東京大学工学部　助手
1989 年　東京大学工学部　講師
1993 年　東京大学工学部　助教授
1995 年　東京大学大学院工学系研究科　助教授
1999 年　東京大学大学院新領域創成科学研究科　助教授
2004 年　東京大学大学院新領域創成科学研究科　教授
現　在　東京大学大学院新領域創成科学研究科　教授

主要著書

EE Text 電磁気学（共著，オーム社）
EE Text 超電導エネルギー工学（共著，オーム社）

新・電気システム工学 = TKE-3
電気回路理論
―直流回路と交流回路―

2018 年 4 月 25 日 ⓒ　　　　　　　　　　初 版 発 行

著者　大崎博之　　　　　　発行者　矢沢和俊
　　　　　　　　　　　　　印刷者　小宮山恒敏

【発行】　　　　　株式会社　数理工学社
〒151-0051　東京都渋谷区千駄ヶ谷 1 丁目 3 番 25 号
編集 ☎ (03) 5474-8661（代）　　サイエンスビル

【発売】　　　　　株式会社　サイエンス社
〒151-0051　東京都渋谷区千駄ヶ谷 1 丁目 3 番 25 号
営業 ☎ (03) 5474-8500（代）　　振替 00170-7-2387
FAX ☎ (03) 5474-8900

印刷・製本　小宮山印刷工業（株）

≪検印省略≫

本書の内容を無断で複写複製することは，著作者および出版者の権利を侵害することがありますので，その場合にはあらかじめ小社あて許諾をお求め下さい。

サイエンス社・数理工学社の
ホームページのご案内
http://www.saiensu.co.jp
ご意見・ご要望は
suuri@saiensu.co.jp まで．

ISBN978-4-86481-048-7
PRINTED IN JAPAN

━━━ 新・電気システム工学 ━━━

電気工学通論
仁田旦三著　2色刷・A5・上製・本体1700円

電気磁気学
いかに使いこなすか
　　　　小野　靖著　2色刷・A5・上製・本体2300円

電気回路理論
直流回路と交流回路
　　　　大崎博之著　2色刷・A5・上製・本体1850円

基礎エネルギー工学［新訂版］
桂井　誠著　2色刷・A5・上製・本体2300円

電気電子計測［第2版］
廣瀬　明著　2色刷・A5・上製・本体2250円

システム数理工学
意思決定のためのシステム分析
　　　　山地憲治著　2色刷・A5・上製・本体2300円

＊表示価格は全て税抜きです．

━━━ 発行・数理工学社／発売・サイエンス社 ━━━

━━━━ 新・電気システム工学 ━━━━

電気機器学基礎
　　仁田・古関共著　　2色刷・A5・上製・本体2500円

電気材料基礎論
　　小田哲治著　　2色刷・A5・上製・本体2200円

高電圧工学
　　日髙邦彦著　　2色刷・A5・上製・本体2600円

電磁界応用工学
　　小田・小野共著　　2色刷・A5・上製・本体2700円

現代パワーエレクトロニクス
　　河村篤男著　　2色刷・A5・上製・本体1900円

＊表示価格は全て税抜きです．
━━━━ 発行・数理工学社／発売・サイエンス社 ━━━━

━━━━ 電気・電子工学ライブラリ ━━━━

電気電子基礎数学
　　　川口・松瀬共著　　2色刷・A5・並製・本体2400円

電気磁気学の基礎
　　　湯本雅恵著　　2色刷・A5・並製・本体1900円

電気回路
　　　大橋俊介著　　2色刷・A5・並製・本体2200円

基礎電気電子計測
　　　信太克規著　　2色刷・A5・並製・本体1850円

応用電気電子計測
　　　信太克規著　　2色刷・A5・並製・本体2000円

ディジタル電子回路
　　　木村誠聡著　　2色刷・A5・並製・本体1900円

ハードウェア記述言語による
ディジタル回路設計の基礎
VHDLによる回路設計
　　　木村誠聡著　　2色刷・A5・並製・本体1950円

　　＊表示価格は全て税抜きです．
━━━━ 発行・数理工学社／発売・サイエンス社 ━━━━

═══ 電気・電子工学ライブラリ ═══

電気電子材料工学
西川宏之著　2色刷・A5・並製・本体2200円

光工学入門
森木一紀著　2色刷・A5・並製・本体2200円

高電界工学
高電圧の基礎
工藤勝利著　2色刷・A5・並製・本体1950円

無線とネットワークの基礎
岡野・宇谷・林共著　2色刷・A5・並製・本体1800円

基礎電磁波工学
小塚・村野共著　2色刷・A5・並製・本体1900円

環境とエネルギー
枯渇性エネルギーから再生可能エネルギーへ
西方正司著　2色刷・A5・並製・本体1500円

電力発生工学
加藤・中野・西江・桑江共著
2色刷・A5・並製・本体2400円

＊表示価格は全て税抜きです．
═══ 発行・数理工学社／発売・サイエンス社 ═══

══════ 電気・電子工学ライブラリ ══════

電力システム工学の基礎
加藤・田岡共著　2色刷・A5・並製・本体1550円

基礎制御工学
松瀨貢規著　2色刷・A5・並製・本体2600円

電気機器学
三木・下村共著　2色刷・A5・並製・本体2200円

演習と応用 電気磁気学
湯本・澤野共著　2色刷・A5・並製・本体2100円

演習と応用 電気回路
大橋俊介著　2色刷・A5・並製・本体2000円

演習と応用 基礎制御工学
松瀨貢規著　2色刷・A5・並製・本体2550円

＊表示価格は全て税抜きです．

══════ 発行・数理工学社／発売・サイエンス社 ══════